生活、人體、動物與心理學

日常小疑問
大解密

的有趣研究圖鑑

晨星出版

前言

　　本書的主題網羅了從「不老不死有辦法實現嗎？」這樣最前衛的題目，到「旁邊有人是不是比較尿不出來？」這類日常的微小疑問，還有「就算發生核戰爭，蟑螂是否能活下來？」等經常聽到的傳聞，並蒐集了古今中外的科學家們為此進行的100個實驗＆研究。

　　主題跨度很大，包含心理學、生物學、腦科學、人工智慧、再生醫學、教育等領域，嚴選出的主題無論哪個都十分獨特，讓人忍不住驚嘆「哦哦──」，或者錯愕「為什麼要做這樣的實驗啊！？」覺得十分古怪，我想就連不太喜歡科學的人也能開心地讀到最後。

　　另外，本書也涵蓋了做實驗的有趣之處，不僅是說研究內容本身、也是在說實踐的研究家們的熱情。

例如「如果人類打造出跟地球一模一樣的環境，可以讓人在裡面生活嗎？」為此蒐集了地球上的各種動植物，並在沙漠地形裡重現出地球環境的「生物圈二號（Biosphere 2）」實驗，或是想知道身體哪個部位被螫到會最痛，而每天不停被蜜蜂螫的研究生，還有在世界各地弄掉1萬7000個以上的錢包並調查「多少錢包會被還回來」的研究團隊，認真研究「為什麼貓會喜歡木天蓼？」並推翻過去定論的日本學者等，這些普通人就算抱有疑問也不會去調查的事情，他們每天孜孜不倦地張大雙眼追求真相。

　　可以說本書得以成書也都多虧了這些學者，在此對全世界的研究者致上敬意，若是本書可以刺激大家的求知慾，將會是我們莫大的榮幸。

日常小疑問大解密 生活、人體、動物與心理學的有趣研究圖鑑 │目次

63　第2章　跟人體有關的實驗&研究

107 第3章 跟動物有關的實驗&研究

143 第4章 跟人類心理有關的實驗&研究

※ 本書省略書中提及人名的敬稱

※ 本書參考實驗及研究成果撰寫而成，但敘述中仍包含個人見解，還請見諒

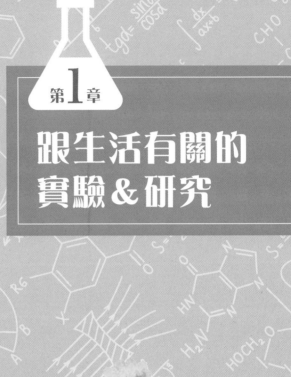

第1章

跟生活有關的
實驗&研究

關鍵字　生物學、醫學、生命延續學、再生醫學

人有辦法不老不死嗎？

　　什麼東西會平等降臨在所有生物身上呢？那就是⋯⋯「死亡」。無論是怎樣的人都會隨著年紀增長而老化，終有一天將會迎來生命的結束，這就是我們人類無法逃脫的命運。所以人類自古以來就在追求不老不死，而實際上世界各地的神話及傳說也有許多跟不老不死相關的佚話。

　　或許有人認為「就是因為人總有一天會死，所以人才會努力過著每一天」，但即使如此，人還是會害怕死亡。若是可以逃離死亡的命運，可以很健康地活下去的話，也有不少人會這麼希望吧？

　　那麼，如果未來科學持續發展下去，人類是不是終有一天可以不老不死呢？掌握這個問題關鍵的，就是知名搜索引擎、也是美國大企業的Google；以及名字獨特，名為裸鼴鼠（學名：Heterocephalus glaber）的生物。裸鼴鼠是棲息在衣索比亞和肯亞的囓齒動物，體長約10.3～13.6公分左右。正如其名，牠沒有體毛，暴牙的前齒是其特徵。這外表奇特的老鼠，為什麼會成為不老不死的關鍵呢？那是因為牠們幾乎不會隨著年紀增長而老化。實際上水母或植物中也有幾乎不會老化的物種，但是在哺乳類中至今只有裸鼴鼠被觀察到有這樣的特性，所以可說是顛覆了哺乳類常識的驚人動物。

　　然後Google創辦人賴利・佩吉（Larry Page）對裸鼴鼠的

顛覆哺乳類常識　裸鼴鼠的驚人能力！

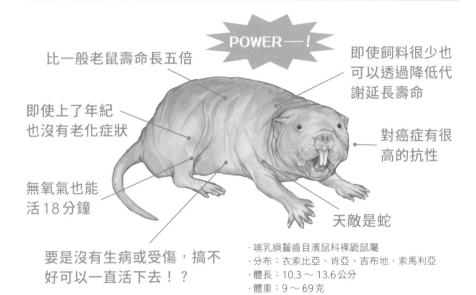

POWER—！

比一般老鼠壽命長五倍

即使飼料很少也可以透過降低代謝延長壽命

即使上了年紀也沒有老化症狀

對癌症有很高的抗性

無氧氣也能活18分鐘

天敵是蛇

要是沒有生病或受傷，搞不好可以一直活下去！？

・哺乳綱齧齒目濱鼠科裸鼴鼠屬
・分布：衣索比亞、肯亞、吉布地、索馬利亞
・體長：10.3～13.6公分
・體重：9～69克

研究投入了大量資金，他想找出老化的原因，並為此成立進行研究專案的研究機構「Calico」。為了解開幾乎沒有老化現象的裸鼴鼠之謎，至今已經詳細記錄了3000隻以上的裸鼴鼠從出生到死亡的情形，並持續進行研究。根據Calico的研究，一般囓齒類的壽命約為2～6年，然而裸鼴鼠卻能活到30年以上，而且即使超過30歲也幾乎沒有老化現象。舉例來說，普通老鼠如果年紀大了會喪失繁殖功能，但裸鼴鼠即使超過30歲也還能繁殖，而且行動幾乎沒有差別，令人驚訝。

　　進一步了解的話，裸鼴鼠的長壽還有一大特徵。那就是很難罹患癌症。實驗用小鼠中有半數生前罹上癌症，但裸鼴鼠幾乎沒有患上癌症的個體。不用說，癌症也是我們人類最大的敵人。如果想要實現不死，甚至是不老的話，絕對要克服此點。

　　為了測試裸鼴鼠究竟對癌症有多強的抗性，2022年熊本大學和東京大學醫學研究所等的研究團隊發表了相關研究。這個研究團隊對裸鼴鼠投入了致癌劑，並試圖誘發化學性癌症。結果即使是給予非常強力致癌的物質，裸鼴鼠仍舊完全沒有罹癌。根據研究，一種叫「壞死性凋亡（necroptosis）」，也就是超容易引起發炎的基因在裸鼴鼠身上喪失了作用，使得體內會促使罹癌的關鍵發炎作用不太會發生，這成為了不易罹癌的一個重要因素。只要能活用這點，人類就可以實現長年以來「克服癌症」的夢想也說不定。

　　另外，現在針對不老不死議題最受期待的技術，就是利用誘導性多能幹細胞（iPS細胞）的再生醫學技術，而裸鼴鼠的特性也可能在此發揮作用。iPS細胞簡單說就是可以變成身體任何一種組織的細胞，所以如果能活用的話，就可以重新製造出已經損壞的內臟並移植，也能恢復健康功能。

　　但是iPS細胞如果要分化成內臟之類的器官前，沒分化完成（也就是沒變化成目標內臟的細胞），即使只殘留一點在體內，那個細胞就有變成腫瘤的風險，這也被視為一大問題。

　　所以北海道大學遺傳病控制研究所從裸鼴鼠這類具有強力抗癌特性的動物身上取出iPS細胞，並檢證是否會有iPS細胞變成腫瘤的情況。結果發現裸鼴鼠的iPS細胞即使在未分化狀態下移植到活體身上，也不會形成像其他動物的iPS細胞所導致的腫瘤。不只如此，分析這個機制後發現擁有可能會變成腫瘤的小白鼠及人類的iPS細胞中，兩種抑癌基因Inhibitor of cyclin-dependent kinase 4a（INK4a） 和 Alternative readingframe（ARF）的表現被強烈抑制。相反地，裸鼴鼠的iPS細胞一方面因為INK4a而抑制癌症，同時因為ARF而能維

再生醫療實例

失去功能的內臟

採取
肝細胞

使患者細胞
變成 iPS 細胞

iPS 細胞

讓 iPS 細胞增殖

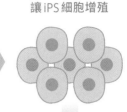

變成患者需要的
細胞（分化）

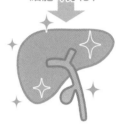

再生出新的內臟

移植

內臟移植完成

持活化狀態。而且一旦如果 ARF 的功能衰退，則「細胞老化」這種細胞增殖現象就會停止，結果就抑制了癌的發生，這個獨特機制也已經被解開了。換句話說，裸鼴鼠對癌有著雙重的防護機制，要是能活用這個機制，就能做出更安全的 iPS 細胞。

裸鼴鼠是棲息在非洲的小動物，沒想到牠們可能可以將人類從死亡跟疾病中解放，成為我們的救世主？期待今後的相關研究。

⇩ **檢證結果** ⇩

裸鼴鼠可能會成為
人類的救世主也說不定

參考文獻 Naked mole-rat mortality rates defy Gompertzian laws by not increasing with age
Resistance to chemical carcinogenesis induction via a dampened inflammatory response in naked mole-rats
Tumour resistance in induced pluripotent stem cells derived from naked mole-rats

人有多不擅長
對抗權威？

第1章 跟生活有關的實驗&研究

即使是好人，被權威命令後也會做壞事嗎？ 1963年耶魯大學心理學家史丹利・米爾格蘭（Stanley Milgram）發表的「米爾格蘭實驗（Milgram experiment）」，就是測試人類服從心理的實驗。

這個實驗透過報紙廣告募集了「協助進行記憶方面實驗」的40位男性志願者，首先先一個個將實驗者帶到耶魯大學的實驗室，實驗室裡還有一位協助者擔任內應，兩人會在這裡抽籤扮演老師跟學生。然而籤被動了手腳，來應徵的人一定會擔任老師。

接著，再對參加者說明這是為了人類進步、有重大意義的研究，並表示「接下來我們會出簡單的題目給學生，這個學生如果說錯答案，你就用手邊的裝置來電擊學生」，裝置的電流從15伏特到450伏特分成30個階段，數字旁邊附上衝擊程度的簡單說明，寫著15伏特＝輕微衝擊，75伏特＝中度衝擊，135伏特＝強力衝擊。而375伏特的地方寫著「危險」，435伏特以上寫著「×××」，明顯是會威脅到對方性命的等級。

實驗就這樣開始後，扮演學生的演員會故意答錯，這時研究者就會要求扮演老師的參加者給予更高程度的電擊。數值提升後學生的慘叫會愈來愈大聲，超過180伏特就會大喊「痛得受不了」，300伏特就會開始敲打牆壁並悲痛大叫「拜託停

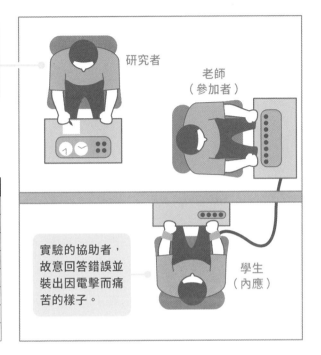

對扮演學生的內應出問題，如果回答不正確就由扮演老師的人電擊。

研究者

老師
（參加者）

實驗的協助者，故意回答錯誤並裝出因電擊而痛苦的樣子。

學生
（內應）

實驗結果

電擊（伏特）	結果
450（最大）	26人
375	1人
360	1人
345	1人
330	2人
315	4人
300	5人
285以下	0人

止！」並要求實驗中止。但是無論學生多麼大聲呼痛，研究者都沒有絲毫動搖，要求扮演老師的人繼續按下按鈕。當然，實際上並未真正給予電擊，學生痛苦的樣子也是演技而已。

要是扮演老師的參加者如果中途開始猶豫或是拒絕，研究者就會要求「請繼續」，並催促繼續按下按鈕。如果參加者還是拒絕，那研究者就會以「責任由我方來負」為前提，並表示「這個實驗必須由你來進行」「絕對需要你來繼續」「沒有其他選擇，你應該繼續下去」，幾乎可以說是強行指示實驗繼續。即使如此參加者還是拒絕按下按鈕，實驗便會就此結束。

該實驗的目的是當科學家這樣的權威下令時，參加者們會不會同意執行，並看看達到危險數值時參加者會不會持續給予

電擊。實驗亦針對耶魯大學的老師及學生發放問卷，請他們猜測米爾格蘭的實驗會有怎樣的結果，大多數人的猜想都認為千人中只有一人左右會給予最大電流，多數參加者應該在150伏特就會拒絕實驗了。

實際上，真正的實驗結果顯示，參加者40人中的26人都按下了最大電流450伏特的按鈕。當然，參加者並不是心平靜氣地按下，所有人都在中途表現出了猶豫，或是想要中止實驗。但是，如果研究者很強烈建議繼續進行的話，只要不用負責，參加者就會繼續實驗。沒有任何人在寫著「危險」的300伏特以內就停止實驗。

為什麼人類會服從這樣不人道的實驗呢？米爾格蘭解釋，這個理由是因為參加者服從權威因而陷入「代理狀態」。代理狀態就是認為自己對於發號司令的權威者有責任，但對於被命令的行為沒有感覺到任何責任。以這個實驗來說，參加者被權威者命令電擊，所以自己只是服從指令按下按鈕而已。結果對自身行為的責任感降低，一直按按鈕直到最後。

另外，「惡」與「善」依據狀況可以互相置換，也是其中一個被討論的原因，例如，扛出「為了國家」這種大義來將戰爭正當化，或是用「為了公司」「為了員工的生計」這類話語來遮掩不正當的行為，而一般人視為「惡」的行為，只要背後賦予更大的目的，那就很容易認為是「正確的」。這次的實驗中，一開始研究者就告知「這是為了人類進步的實驗」，而給予電擊一個正當理由。

另外，這個實驗別名「艾希曼實驗」。艾希曼是指納粹德國負責將猶太人送進集中營的負責人阿道夫・艾希曼。戰後，艾希曼被逮捕時，多數人都稱他為「冷酷無比的殺人鬼」，但

是在審判中，他的樣子給人的印象只是個平凡的官員。米爾格蘭為了調查「一般市民為什麼會服從權威進行殘虐的行為」而進行本次實驗，並揭開了這種心理，也就是說我們大家都有成為艾希曼的可能性。

⇩ 檢證結果 ⇩
人只要被權威下令就容易參與壞事

參考文獻 Obedience to Authorities: An Experimental View. New York, NY: Harper & Row.

男性的腦擅長數理，
女性的腦擅長複數任務？

　　標題是流傳很久的一種說法，也就是俗稱的「男性腦」「女性腦」。大家可能也聽過<u>女性共情能力較強，擅長同時進行很多任務</u>，而空間認知能力缺乏，所以不會看地圖；<u>男性的空間認知能力強，並且擅長數理</u>，但不擅長進行多工，而只能集中在一件事上，沒辦法同時處理別的事。像這樣的說法應該不少人曾經聽過吧？

　　實際上，有實驗就研究了這類說法，其中一項很有名的研究名為「心像旋轉」（Mental rotation），使用立體圖形來測驗空間認知能力的實驗。一般男性的分數會比女性還要高，這個結果產生了「女性缺乏空間認知，不擅長看地圖」的說法，但男女的腦真的有所不同嗎？

　　首先是關於腦的構造，可以說是男女有別。這是因為女性每個月都會排卵一次，女性大腦有掌管這個變化的功能，男性則沒有。但是，以智慧跟認知能力來看，男女的大腦幾乎沒有差別，不如說，大腦之間的差異與其說是男女差異、應該是個體差異才對，這是腦科學現今的見解。

　　事實上，以色列的特拉維夫大學掃描了 13 ～ 85 歲的1400 名男女大腦，試圖找尋差異，並鎖定了一般認為男女的尺寸有差的 29 個大腦區域，但仔細察看每個人的腦部掃描數據後，發現真的擁有與性別對應的特徵的人極少，90％以上

男性腦
- 數理能力優秀
- 空間認知能力強
- 不擅長多工作業，只能集中在一件事上

女性腦
- 共情能力優越
- 擅長多工
- 空間認知能力差，不擅長看地圖

過去的理論是胎兒如果在睪丸發育後，就會分泌睪固酮導致大腦男性化，產生男女差異。

最新研究發現

2015年掃描13～85歲的1400人大腦後，發現沒有「男性腦」「女性腦」之差！

的人都同時擁有男性腦及女性腦的特徵。也就是說，不能斷定男性就有比較多男性腦特徵，女性則有比較多女性腦特徵，光靠大腦是沒辦法判斷出男女區別的。

另外，腦部會受到社會及文化教育等環境很大影響，像是鋼琴家的大腦掌管手指運動跟聽覺的大腦皮質部位會變得很厚。而近年來因為提倡男女平權，腦科學也認為「男性腦」「女性腦」的說法已經過時了。

⇩ 檢證結果 ⇩
大腦功能
幾乎沒有性別差異

參考文獻 Sex beyond the genitalia: The human brain mosaic

關鍵字 教育、音樂、莫扎特效應

聽莫札特會讓智力增加嗎？

　　經常聽到街頭巷尾流傳「聽莫札特可以讓頭腦變好」的消息，這也被稱為「莫札特效應」（Mozart effect），在日本據說莫札特的音樂可以對小孩子的大腦有好的影響，所以書和CD都賣得很好。但是聽莫札特真的能讓頭腦變好嗎？

　　其實這個實驗是源自1993年加州大學的心理學家羅雪（Frances Rauscher）等人所進行的實驗，該實驗讓大學生聽莫札特的《D大調雙鋼琴奏鳴曲》，發現比起聽其他音樂，或是不聽音樂的學生，聽莫札特音樂的組別在空間認知測驗的表現上高出8～9分，但這效果只是暫時的，15分鐘後就會恢復本來的狀態。即使如此，聽了莫札特的音樂還是讓成績上升了，沒有比這更輕鬆的辦法了。如此一來，當然就出現想要靠這賺錢的人，他們以羅雪的實驗為根據並大肆宣傳「聽莫札特就能增加智力」，而莫札特的CD不只上了熱銷排行榜，在美國的喬治亞州甚至訂立了分配給新生兒古典音樂CD的法案，蔚為風潮。

　　人們的關注提高後，其他研究者也調查了「莫札特效應」，但發生了一個大問題。沒想到，許多研究者竟然表示「無法重現出羅雪的實驗」，因此「莫札特效應」真的存在嗎？就被抱以懷疑的態度了，而真正畫上休止符的，是2010年莫札特的故鄉、奧地利維也納大學所發表的論文。維也納大

1993年

羅雪等人發表聽莫札特的學生認知能力上升的報告

但是其他學者無法重現這個實驗結果

成績沒有提升啊？

90年代後半～

爭論

莫札特最棒了！

2010年

維也納大學發表結論
「莫札特的音樂沒有提升認知能力的效果」

學的學者們將至今所舉行過超過40個「莫札特效應」的相關研究進行詳細分析，結論是「莫札特音樂沒有提升空間認知能力的效果」。也就是說，莫札特效應單純只是個神話而已。順帶一提，雖然沒辦法光聽音樂就提升智力，但實驗結果是練習鋼琴可以改善認知能力及集中力。如果想讓頭腦變好的話，不只是「聽」莫札特的音樂，「練習彈奏」會比較好的樣子。

⇩ 檢證結果 ⇩
聽莫札特跟智力發展無關

參考文獻 Mozart's music does not make you smarter, study finds. ScienceDaily.

關鍵字 **教育、棉花糖實驗**

「現在的小孩不擅長忍耐」 是真的嗎？

　　現代很常聽到「現在的小孩跟以前比起來不擅長忍耐」的說法，理由則是因為「以前物質缺乏很不方便，所以自然而然就學會忍耐，現在因為很方便又物資豐富，爸媽什麼都會買給小孩，太寵了，所以不會忍耐」。一般而言，確實普遍有以前的小孩比較會忍耐的印象，那麼實際上，現在的小孩真的比較不能忍嗎？

　　明尼蘇達大學的研究團隊對此進行了調查，他們關注的是從1960年代開始，作為小孩子忍耐力指標的「棉花糖實驗」。這是為了測試未達就學年紀的孩子們的自制能力的測驗，首先將放了棉花糖的盤子放在小孩面前，並告知小孩如果吃掉棉花糖前先等15分鐘，最後可以多拿一個棉花糖作為獎勵。如果現在的小孩真的忍耐力比較差，那應該以前的小孩的成績會比較好才對。

　　然而實際上的調查，2000年代參加測驗的小孩，比1980年代的小孩平均可以多等1分鐘，而可以比1960年代的小孩平均多等2分鐘。也就是說，以棉花糖實驗的結果來看，現代小孩比過去的小孩還要更能忍耐。

　　另外，如果可以忍耐不吃棉花糖的小孩，會比忍不住的小孩將來更可能成功。根據牛津大學的研究發現，他們調查小時候接受過棉花糖測試的孩子後來的發展，發現拿到第二個棉花

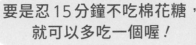

要是忍 15 分鐘不吃棉花糖，
就可以多吃一個喔！

我知道了～

2000 年代的小孩做棉花糖實驗的成績，平均比 1960 年代小孩可以多忍 2 分鐘。

糖的小孩，大學升學適性測驗的平均分數比忍不住的小孩高出 210 分，判斷的依據是大腦管理集中力的部分很活躍。該研究顯示出「擁有自制力才是成功的關鍵」，但另一方面，2018 年紐約大學發表以 900 名小孩為對象的研究顯示，拿到第二個棉花糖的關鍵，比起自制能力，小孩的家庭環境及經濟條件有更大的影響，所以棉花糖實驗單純只是顯示富裕的孩子將來更容易成功而已。

⇩ 檢證結果 ⇩
**棉花糖實驗表示
現代的小孩比過去更能忍耐**

參考文獻 Cohort effects in children's delay of gratification

第1章 跟生活有關的實驗&研究

有可以讓肌膚年齡年輕30歲的「返老還童技術」嗎？

　　無論男女都憧憬著年輕又健康的肌膚，但令人悲傷的是，隨著年紀增長，肌膚無論如何都會老化，但是在不遠的將來，人類或許可以擺脫這樣的煩惱也說不定。這是來自於2022年英國巴布拉罕研究所（Babraham Institute）所發布的，讓肌膚回春的技術報告。

　　根據該報告，這個回春技術是使用2007年獲得諾貝爾獎的山中伸彌等人所發現的「山中因子」。所謂的「山中因子」含有讓身體細胞變成幹細胞的功能，這時候細胞會發生回春現象。另外，幹細胞有著可以讓失去的細胞再生並補充的能力，所以如果使用山中因子，就能人工製造出「誘導性多能幹細胞」，也就是可以製造出我們任何的身體細胞。這種人工製造的誘導性多能幹細胞就稱為iPS細胞。

　　通常使用山中因子製造的人工幹細胞，需要將身體細胞浸入山中因子裡50天，而研究者們就想，如果將日程縮短，是否可以在保持皮膚細胞的功能下（也就是還未變成幹細胞），只得到回春的效果呢？於是他們採取53歲受試者的皮膚細胞，浸入山中因子裡不同時間長度後，發現只浸泡13天山中因子的情況下，可以維持皮膚細胞的功能，並達到回春作用。

　　這效果十分優異，回春的皮膚細胞不僅恢復了可以產生肌膚光澤和彈性的膠原蛋白製造能力，還提高了傷口再生的能

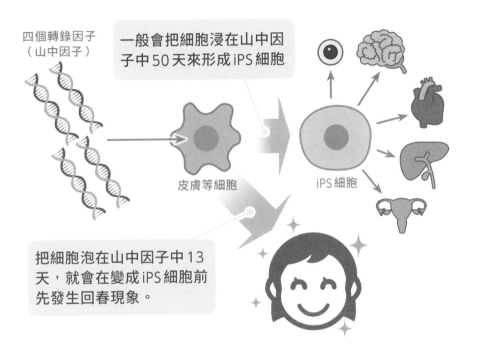

四個轉錄因子
（山中因子）

一般會把細胞浸在山中因子中50天來形成iPS細胞

皮膚等細胞

iPS細胞

把細胞泡在山中因子中13天，就會在變成iPS細胞前先發生回春現象。

力。根據分析結果顯示，浸泡山中因子的皮膚細胞自53歲往前回推了23歲左右，實際上大概年輕了30歲。簡直是究極的抗老效果。

當然，現在還沒辦法馬上靠此技術來實現返老還童，但研究者今後也會用這個手法繼續嘗試其他的細胞是否也適用，目標是總有一天可以進行「回春藥」的臨床試驗。或許未來的煩惱不是年紀大了如何美容，而是所有人到了50歲、60歲都還看起來很年輕也說不定。

⇩ 檢證結果 ⇩

不久的將來可能會發售「回春藥」。

參考文獻 Multi-omic rejuvenation of human cells by maturation phase transient reprogramming

關鍵字　**物理學、槍械**

如果被對空鳴槍的子彈打到會怎樣？

　　看電視劇或電影時，我們常常會看到跟兇惡犯人對峙的刑警舉起手槍對空發射子彈的場景，也就是所謂的威嚇射擊，但是「對空鳴槍」這種行為真的安全嗎？如果射到天上的子彈掉下來打到人，會不會導致受傷或死亡？

　　首先，我們來思考射往天空的子彈的軌道。往上發射的子彈會因為重力而持續減速到速度變成0，然後開始轉為向下掉落，之後子彈就會邊受到空氣阻力邊下墜，此時的墜落速度是依子彈的比重（重量體積比）及形狀、落下時的子彈彈頭方向（彈頭垂直墜落或水平墜落）、發射角度等諸多因素來決定。發射角度比起45度角還要小的話，子彈會畫出拋物線，而子彈的飛行高度達到頂點時速度也不會為0。因此可以比垂直發射還要更高速，就像這樣，子彈的墜落速度會依條件而有所不同，但大致上在61～213公尺／秒之間。要貫穿皮膚的話，需要的速度為45.1～60.0公尺／秒，而只要61.0公尺／秒就可以貫穿頭蓋骨。換句話說，墜落的子彈如果命中，普通情況下還是很有可能會導致死亡。

　　實際上像這樣對空鳴槍造成的死傷事件，在全世界都發生過，特別是慶祝的鳴槍很容易造成死傷，像是2007年伊拉克的足球隊奪下亞洲盃冠軍後，因為興奮的粉絲發射慶祝的空砲而對空鳴槍，結果被墜落的子彈擊中的三人不幸死亡。波多黎

各也在2003年的最後一天為了迎接新年而舉行慶祝，鳴槍並造成19人受傷1人死亡的慘案。美國獨立紀念日有發射禮砲的習慣，結果也發生過數次小孩被流彈射死的慘痛事件。

根據1994年的美國調查，被落下的子彈打中的死亡率有32%，由此可知被打中可不是開玩笑的。刑警如果對空威嚇射擊，就算沒有命中也可能會打中附近的一般人，如果是在人多的地方更是十分危險。

⇩ 檢證結果 ⇩

被空中落下的子彈打到的死亡率是32%

参考文献 Cranial Gravitational (Falling) Bullet Injuries: Point of View
Spent bullets and their injuries: the result of firing weapons into the sky

關鍵字 腦科學、教育、睡眠

睡眠學習法有多少效果呢？

睡眠學習法就是「睡覺時播放聲音就能記住」的夢幻學習法。1940年代美國對睡眠學習持續進行研究，1947年的北卡羅來納大學、1952年喬治華盛頓大學等都報告「如果進行睡眠學習法，可以讓背單字的速度提升」，科學界也認為「睡眠學習法一定程度上有效」。

但是1956年聖塔莫妮卡學院（Santa Monica College）使用腦電圖確認受試者熟睡後，朗讀單字列表進行實驗，發現睡眠學習法幾乎沒有效果。而至今睡眠學習法一直被認為有效，單純是「大腦記住了入睡前聽到的單字」而已。結果「透過睡覺，誰都能輕鬆記住知識」這樣的睡眠學習法神話被打破，人們對此議題的關心也隨之減少。（此外，日本在1960年代還有枕頭附加錄音機的睡眠學習機，銷售了50萬台以上，獲得很高的迴響）。

雖然睡眠學習法在科學上被宣判死亡，但其實近年來這個議題再度被炒熱了起來，而且還相繼發表「睡眠學習其實有效」的研究。

舉例來說，2012年普林斯頓大學進行的研究中，請受試者記住兩種旋律後，在睡眠中播放其中一條旋律時，而這一條旋律會比沒播放的另一條旋律還要記得更清楚。另外，2014年瑞士國家科學基金會讓60名學生受試者在下午學習荷蘭語

學習　　　　　　　　　　　睡眠

睡眠中會進行記憶統整跟鞏固，彙整重點、促使忘記無用記憶、有讓學習能力恢復的效果。

單字後，安排有一半學生在睡夢中、另一半則是在清醒狀態下聆聽下午學到的單字的錄音。這個實驗結果顯示，睡夢組比清醒組更深刻理解了單字的意思，本來就有研究表示，人類在睡眠時會強化記憶，並且恢復學習能力。這單純只是睡眠學習的效果嗎？似乎還有討論的餘地。不過如果睡眠能鞏固記憶，學習中的打瞌睡或許「能讓腦記住學到的東西」，就這層面來說，或許是意外有效的學習法也說不定。

⇩ 檢證結果 ⇩
**睡眠學習有無效果
至今還未有定論**

參考文獻 Cued Memory Reactivation During Sleep Influences Skill Learning
Boosting Vocabulary Learning by Verbal Cueing During Sleep

關鍵字 **物理學、數學、莫非定律**

莫非定律有科學證據嗎？

大家知道「莫非定律」嗎？它是整理了大家多少都有過一次的經驗法則，例如「客滿的電車中，只有自己面前的位置一直空不出來」「公車一直都不會準時來，但自己遲到時卻準時來了」之類的狀況。大家聽完都會忍不住說「我有、我有！」這個特殊的切入點讓整理這類法則的書籍，在1990年代的日本一躍成為暢銷書。

這種「莫非定律」中特別有名的是「掉到地上的土司，塗了奶油的那面朝下的機率和地毯價格成正比」，以現代的說法就是「智慧型手機一定會是觸控螢幕朝下落地」的感覺，實際上土司塗奶油的那一面朝下落地的機率，真的比較高嗎？

用科學證明這個法則的是英國阿斯頓大學的羅伯特．馬修斯（Robert Matthews）。馬修斯利用物理模型模擬土司從普通高度的桌子上落下，檢證是否真的是奶油那面會朝下。結果是大部分的例子中，土司都會半迴轉然後落地，所以確實是塗奶油的一面會朝下。而他調查了要讓塗奶油那面朝上的方法後，結論是要使用高3公尺以上的桌子。也就是說，塗奶油的一面朝下著地的機率，不是根據地毯的價格，而是高度。馬修斯的研究整理成論文〈翻滾的吐司、莫非定律和基本常數〉（Tumbling toast, Murphy's Law and the fundamental constants），這篇論文獲得了1996年的搞笑諾貝爾獎。

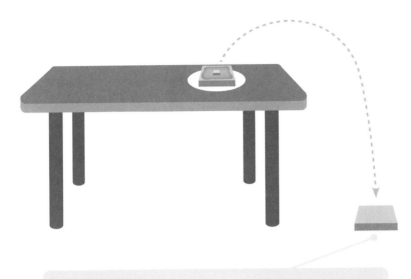

從一般高度的桌子落下的話，大多數的情況奶油那面會朝下落地。

　　另外，馬修斯在2000年時透過1000名小孩的幫助，進行了實際讓土司落下2萬1千次的實驗。檢證是否和物理模型預測的一樣，塗奶油那面朝下的機率比較高。該實驗的結果是有62%的機率奶油的那面會朝下。如果你吃早餐時不小心掉了土司，最好要有打掃地板的覺悟呢。

⇩ **檢證結果** ⇩

如果是從一般高度的桌子落下的話，有62%機率塗奶油那面會朝下。

參考文獻 Tumbling toast, Murphy's Law and the fundamental constants

高中女生為什麼在寒冬中光腳也沒事？

經常看到日本女高中生在寒冬中也光著腳、穿著裙子上學。2020年由經營襪子等足部服飾的專門廠商岡本株式會社，在北海道、東京、大阪、廣島、福岡、沖繩（含宮崎、鹿兒島）等對747名高中女生進行問卷調查。結果是全體的39.6％即使在冬天也會光腳，理由為「不喜歡穿褲襪或絲襪」（39.9％）、「因為朋友們都是光腳」（35.5％）、「因為光腳比較可愛」（31.4％），主要原因大部分都是因為注意外人眼光或為了時髦。

但是就算「不喜歡穿褲襪或絲襪」，人真的能忍受寒冬的寒冷嗎？根據問卷調查，即使在酷寒的北海道也有10.3％的女高中生是光腳度過冬天的，但北海道一月的平均氣溫是-3.2度（根據日本氣象廳於札幌在1991～2020年的氣溫平均值），在正常的感覺下光腳真的是很瘋狂。該不會他們擁有什麼寒冬也不會感覺到冷的特殊能力？

南佛羅里達大學的研究團隊著手調查這些喜歡在冬天穿著露出肌膚衣物的女性，特別是她們的心理層面。推論或許愈是有自我客體化（self-objectification）傾向的人，愈不容易感覺到冷。所謂的自我客體化是指意識到他人如何看待自己的外表或容貌，報告指出這類自我客體化傾向強的人，會強烈地想要別人認為自己很美；如果這個傾向愈強，就愈不容易感覺到

餓，對自己身體的注意力也會較低。這或許是為什麼她們在冬天也能穿很少的原因。

　　研究團隊為了證明這件事，在寒冷的二月夜晚針對在夜店及酒吧外站著的224名女性，問她們現在覺得有多冷，同時也用心理學問題請她們回答自我客體化傾向的自我評價，以及將衣服的露出度化為數值。綜合分析的結果，證實愈是有自我客體化傾向的女性，在肌膚露出較多的場合也幾乎不會感覺到冷。可以說，高中女生在寒冬中光腳也沒關係，不只是很會忍耐，而是「想要看起來很可愛」這樣的少女之心，讓她們「變得感受不到冷」了。

⇩ 檢證結果 ⇩
或許「想要看起來很可愛」的強烈意識能讓人感覺不到寒冷

參考文獻 When looking 'hot' means not feeling cold: Evidence that self-objectification inhibits feelings of being cold

關鍵字 人工智慧、電子競技、遊戲

電競選手和AI比賽誰會贏？

　　AI技術年年躍進，被認為不久的將來AI（人工智慧）會超越人類智能，而發生「科技奇點」。而AI和人類競賽的領域就是遊戲世界。至今AI和人類對戰過西洋棋、將棋、圍棋等，相繼贏過人類的世界冠軍或職業棋士，獲得顯赫的戰績。結果是現在西洋棋、將棋、圍棋的世界中，大部分的看法都是「AI已經超過了人類」。

　　而AI的新戰場就是電子遊戲。2017年IT企業OpenAI所開發的AI「OpenAI Five」在「Dota 2」這個即時戰略遊戲（RTS）中，和人類冠軍進行一對一的比賽，喜歡遊戲的人們可能都已經知道了，RTS比起將棋或圍棋還要更加複雜，要勝利的話必須瞬間就判斷出正確答案並進行正確的操作才行，反射神經是很必要的。而且對手是世界王者，即使AI再怎麼優秀，應該還是人類比較強吧？但是，結果是AI方勝利，人類再度屈服於AI的面前。

　　但是也有人認為，「Dota 2」原本是10名玩家五五分成兩組的遊戲，團體戰才是基本。一對一的勝負完全不值得參考。於是2018年「OpenAI Five」再度用「Dota 2」和人類對戰。這次是5對5的團體戰，對戰的是現任的職業玩家及排行榜上位的頂尖隊伍。至今AI獲勝的都是圍棋或將棋等一對一的對戰。如果是溝通和合作等要素十分重要的多人競賽，這

人類跟AI的主要戰役

AI勝利
西洋棋
1997年

IBM開發的「深藍超級電腦」贏過當時的西洋棋冠軍加里·卡斯帕羅夫，帶給世界很大的衝擊。

AI勝利
將棋
2013年

日本製將棋AI「Ponanza」贏過佐藤慎一四段。2017年對上佐藤天彥名人二連勝，結論是「AI完全贏過了將棋棋士的實力」。

AI勝利
圍棋
2016年

DeepMind開發的圍棋AI「AlphaGo」贏過世界頂尖棋士的李世乭。

AI勝利
電子遊戲
2017年

OpenAI開發的「OpenAI Five」在「Dota 2」上單挑贏過世界冠軍，2019年和世界冠軍隊伍的5對5比賽獲得勝利。

次或許會是人類勝利了吧？

　　結果AI再度顯示出它的實力。這場對決比了三局，結果是AI獲得兩勝一敗，人類雖然在第三局展現出意志力而獲勝，但再一次不得不承認AI的實力。另外「OpenAI Five」在2019年挑戰世界冠軍隊伍，也再度取得2-0的壓倒性勝利。電影《魔鬼終結者》中描寫了人類和AI的戰爭，看這個結果，或許那樣的一天到來時，人類沒有贏的可能性也說不定。

⇩ 檢證結果 ⇩
即時戰略遊戲中
AI比職業玩家強

參考文獻 OpenAI FiveBenchmark: Results
OpenAI's Dota 2 AI steamrolls world champion e-sports team with back-to-back victories

掉到地上的食物只要5秒內撿起來就沒關係？

　　大家知不知道「3秒守則」呢？也就是說不小心掉到地上的食物，只要在3秒內撿起來都還能吃，是一種迷信。

　　到底是幾秒，根據地區有所不同，除了3秒外也有5秒、10秒的說法。日本雖然常說「3秒守則」，但在美國和英國是「5秒守則」。不管是哪個，都是一種「只掉下去一下就丟掉太浪費了」的心理產生的守則吧。

　　但是真的掉到地上後，只要幾秒內撿起來吃就沒問題嗎？美國高中生吉利安・克拉克（Jillian Clarke）為了確認事實的真偽而進行了流行病學研究。克拉克在學校中採取各種地板的樣本，並用顯微鏡調查後發現，地板的很多地方沒有發現細菌，結論是多數場合下掉在乾燥的地板上的食物是安全的。

　　但地板也不會總是乾淨的。仔細想想，根據情況也可能會被污染，所以克拉克認為應該在被污染的環境下對5秒守則進行有效的檢證，而在研究室的髒亂地板跟光溜溜的地板分別灑上大腸桿菌，將軟糖和餅乾等放置不同的時間長短，再用顯微鏡調查大腸桿菌的附著情況，結果不管是哪個案例，即使只在5秒內撿起的少許時間中，食品上也會附著相當數量的菌。也就是說，如果地板受到污染的情況下，5秒守則是不正確的。克拉克的功勞獲得了2004年搞笑諾貝爾獎的公共衛生獎。

　　另外，2007年美國克萊門森大學進行的研究，發現地

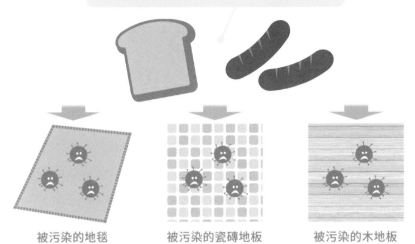

各自掉落 5 秒、30 秒、60 秒再撿起

被污染的地毯　　　被污染的瓷磚地板　　　被污染的木地板

不管是哪種情況都會有相當數量的菌附著到食物上

毯、樹、瓷磚的表面如果受到鼠傷寒沙門氏桿菌（Salmonella Typhimurium）污染，再放上香腸和麵包，經過5秒、30秒、60秒再撿起來，不管時間長短幾乎都會有相同的菌數附著在食物上。不管是哪種地板，細菌都可保有充足的感染力生存一個月，雖然大致上沒有問題，但如果重視食品安全問題的話，即使只掉落幾秒的食物也最好不要吃下肚。

⇩ 檢證結果 ⇩

如果地板受到污染，即使幾秒就撿起來吃也很有疑慮。

参考文獻 Residence time and food contact time effects on transfer of Salmonella Typhimurium from tile, wood and carpet: testing the five-second rule

關鍵字　統計學、心理學、必勝法

猜拳有必勝法嗎？

　　猜拳的輸贏是根據運氣來決定，沒有必勝法則，這是常識。確實，如果沒有超能力，不可能知道對手到底要出哪種拳。一般會認為勝敗只能靠運氣啊。但是在世界上卻有很認真研究如何猜贏的人。

　　例如說，對手會出「石頭」「剪刀」「布」的哪一個，機率上雖然是1/3，但數學家芳澤光雄在調查1萬1567次的猜拳紀錄後，發現出拳的比例中，石頭佔35％、剪刀佔31.7％、布佔33.3％。也就是說一開始出能贏過石頭的布的話，統計上是勝率最高的。另外，國際猜拳大賽的主辦「世界剪刀石頭布協會」（World Rock Paper Scissors Society）的調查發現，出石頭的比例是35.4％，剪刀是29.6％、布是35％。這份數據也顯示一開始出布是最佳策略。

　　另外，如果是平手，對手兩次連續出一樣的比例只有22.8％，近8成都會改變出拳。所以如果出石頭平手的話，對手接下來會出布或剪刀的機率很高，要是出剪刀就會贏，或至少是平手吧。

　　此外，中國浙江大學的研究團隊讓360名學生進行實驗，學生們出的拳大致分為兩種傾向，其中一種是一次就決勝負的話，贏家在下一次猜拳中有很高的比例不會改變出的拳。因此，如果自己在一次決勝負中猜輸的話，跟同一個對手繼續猜

提高猜拳勝率的4個守則

1 最初出布的勝率最高

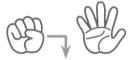

統計學上出石頭的
機率最大

2 平手的話，對手下一個出其他拳
的機率很高

這時候對手可能會
出布或石頭

3 贏家繼續出同一個拳的
可能性很高

這個時候對手接下來可能會
出石頭

4 輸在同一個拳上的對手，下一次
可能會出能打敗對方的拳

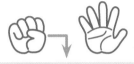

這時候對手下一個可能會
出剪刀

拳，對手很可能會再出一樣的拳，所以下一次的勝負就可以出
能贏的拳種。

另一種傾向是如果用同一種拳連續輸了兩次以上的話，輸
家容易改變出拳，會選擇能打敗對方的拳種。也就是自己如果
連續用石頭贏了的話，對手下一次很可能會出能贏過石頭的
布，所以出剪刀會是較好的策略。當然，這不能說是必勝法
則，但就算只能提高一點勝率或許也是不錯。

⇩ 檢證結果 ⇩
雖沒有必勝法，
但有統計學上提高勝率的辦法。

參考文獻 ジャンケン必勝法 THE NIKKEI MAGAZINE（2007/12/16号）
Social cycling and conditional responses in the Rock-Paper-Scissors game

關鍵字 腦科學、生物學、母性本能

媽媽為什麼會
不顧自己的安危救孩子呢？

　　自己的小孩遭遇危險時，母親會犧牲自己來守護孩子。這不只是我們人類，許多動物身上也會發現這樣的行為。雖然也可以認為「母親本來就有守護孩子的本能」，但這個機制之謎至今還未完全解開。

　　葡萄牙的聖巴里莫德神經科學研究所的研究團隊，針對這類母親自我犧牲的行為發表了研究，腦內的扁桃腺會分泌催產素，這種荷爾蒙是會讓母親的自我防衛本能停止的關鍵。催產素是在生下小孩及育兒中扮演重要角色的荷爾蒙，數據上沒有分泌催產素的老鼠，母性的行動會較少。

　　研究團隊利用剛生產後的母鼠，實驗在有生命危機的狀態下「有小孩在身邊」跟「只有自己」的情況下，分別會有什麼樣的行動。首先在沒有小孩的地方讓母老鼠聞到辣薄荷味道並同時電擊，讓老鼠記住香氣代表危險。接著，母老鼠每次聞到辣薄荷的味道時，身體就會僵住。這就是靠著停止不動來讓敵人不要發現自己，躲過危機的動物防衛本能的一種。但是，如果跟小孩在一起時聞到辣薄荷的味道，母鼠不只不會僵住，還會咬放出香氣的管子，為了守護小孩會在巢跟管子之間放下障礙物，並且把幼鼠保護在腹部。完全就是「為母則強」，只要有小孩在身邊，行動就為之一變。

　　那麼為什麼會有這種行動差別呢？研究者讓母老鼠的扁

只有母老鼠的情況　＝感到害怕而僵住

很危險

從管子放出危險信號的
辣薄荷香氣

有小老鼠的情況　＝會咬管子，想保護小孩

我要保護
這個小孩！

桃腺不會分泌催產素後，再度進行同樣研究，於是母老鼠就算跟小孩在一起，聞到辣薄荷的香味也會僵住，而不會採取保護小孩的行動。由此看來母親不顧自身安危保護小孩的動作，是由於催產素的作用。人類不知道是不是也有同樣的機制，但光是理解動物母親守護小孩的機制，就非常有趣了。

⇩ 檢證結果 ⇩
大腦的扁桃腺分泌的催產素是
「為母則強」的原動力

参考文獻 Freezing suppression by oxytocin in central amygdala allows alternate defensive behaviours and mother-pup interactions

「裝有現金的錢包」和「空錢包」哪一個比較容易被還回來？

　　掉錢包的打擊想必難以計量，如果「裝有現金的錢包」和「空錢包」同時掉了，被還回來的機率是否也會不一樣呢？

　　普遍都會認為「裝有現金的錢包」不會被還回來吧。因為把「裝了錢的錢包」佔為己有所獲得的利益，應該比「空錢包」大才對。

　　那麼實際上是如何呢？瑞士及美國的大學研究團隊為了檢證，而在全世界40國中355個主要城市裡，在銀行或劇場、公共機關等地方，以拾得物的形式將1萬7000個以上幾乎同樣外形的「裝有13.45美元等值現金的錢包」及「空錢包」交給工作人員，看看工作人員是否會和失主聯絡。錢包中還放有記錄了聯絡方式的名片。

　　實驗結果很讓人意外，40個國家中除了秘魯跟墨西哥以外的38個國家，裝有現金的錢包都比空錢包更容易被還給失主。在美國、英國、波蘭，將錢包內的現金增加到94美元後進行同樣的實驗，結果歸還的機率比小額時更增加了11%。也就是說，錢包中的錢愈多，撿到的人就愈傾向於把錢包還給失主。研究者們認為這個結果可能是因為錢包裡的錢愈多，佔為己有的罪惡感跟風險就愈高。

　　另外，根據國別來統計，瑞士和挪威的歸還率很高，如果是裝了現金的錢包大概有8成的歸還率。相反地，中國和摩洛

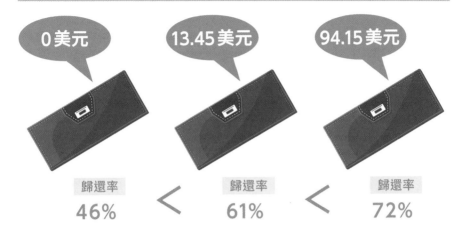

在世界40國遺失合計17303個錢包的實驗

0美元	13.45美元	94.15美元
歸還率	歸還率	歸還率
46% <	61% <	72%

錢包裡裝的現金愈多，被還回來的機率也愈高

哥、秘魯歸還率很低，特別是秘魯歸還有錢的錢包機率未滿15％，是40國中最低的。這個調查未包含日本，但是如果不說在路邊撿到錢包的情況，而是工作人員在工作時被交付遺失物，我想應該100％都會聯絡失主才對（不如說是我希望如此）。

　　順帶一提，在蘇格蘭愛丁堡的其他研究發現，放入嬰兒照片的錢包，有88％的機率都會歸還。如果是擔心會掉錢包的人，將較多現金及嬰兒照片一起放進皮包的話，或許會有較高機率被還回來。

⇩ 檢證結果 ⇩
裝有現金的錢包
歸還機率較高

參考文獻 Financial temptation increases civic honesty

美人犯罪
也容易被原諒？

　　一般都認為「美人比較吃香」。實際上，美人就是這麼容易被周圍的人寵著。例如，工作上就算犯了同樣的錯，也因為是美人所以好像容易被原諒，或者就算被罵了也會有人溫柔地幫忙說話的感覺。上司可能會說「沒那回事！」但也無法斷言真的沒有這種事。但即使是比工作失誤更嚴重的錯誤──也就是犯罪時，根據各種實驗也發現美人還是比較吃香。

　　廣島大學在2009年以110位大學生為對象進行的實驗，就是關於被告的魅力和量刑的關係。首先參加者會參加模擬法庭，預測審判結果。之後，請他們閱讀寫了事件概要（被告人刺殺了前戀人的殺人事件）的資料，而資料上附有被告人的照片，參加者被分成資料上「貼有各種有魅力的女性被告照片」的組別，以及「貼有幾乎沒什麼魅力的女性被告照片」的組別，並詢問被告該課以怎樣的刑罰比較適當後，發現女性參加者平均預測「很有魅力的女性被告」比「沒什麼魅力的女性被告」少1.37年的刑期，而男性參加者的預測則是少了2.35年的刑期。

　　為防萬一，所以參加者們除了照片以外幾乎都是讀了一樣的資料，也就是說即使犯了同樣的罪，光是臉好看就可以被判以較輕的刑罰。這個實驗也進行了被告是男性的版本，這個實驗也以「帥哥被告」比「非帥哥被告」的量刑還要更短的結果

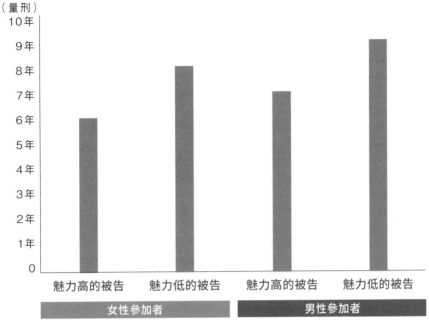

作終。帥哥及非帥哥的犯罪者之間也有很大的落差。

　　或許有人認為這只是大學生的判斷，實際上的法庭可能會有所不同。然而，根據休士頓大學的研究，他們請警察和大學生評估實際上因為輕罪而被逮捕的2000人以上的被告的魅力，並調查魅力程度和刑期的關係，結果愈是魅力高的被告，會被課以較少的罰金或刑期。

　　常聽到「人要看內在而不是外表」的說法，但即使是法庭這種跟外表沒有關係的場所，現狀也是如此，不得不說，果然「外表還是很重要」。

⇩ 檢證結果 ⇩
美人即使犯罪
刑罰也容易比較輕

参考文献 Effects of defendant's physical attractiveness on citizen judges' decisions
Natural Observations of the Links Between Attractiveness and Initial Legal Judgments

關鍵字　社會心理學、吊橋效應

一起走過吊橋
就會墜入情網嗎？

　　心理學上有名的理論之一的「吊橋效應」，就是大腦在渡過不安定的吊橋時產生的心跳加速，容易跟戀愛的心跳搞混，而對一起渡橋的異性產生好感。以心理學為題的書籍也會寫著「利用吊橋效應和意中人一起搭乘雲霄飛車，或是一起去鬼屋很有效」的說法。

　　這個理論是由1947年加拿大的心理學家進行的實驗所證實。首先在橋上的女性對渡橋的18～35歲單身男性搭話「請回答簡單的問卷」。對方答應後，最後女性會說「要是對結果有興趣，之後請打電話給我」並交付聯絡方式。在「不會搖晃的堅固的橋」和「不安定的吊橋」上都進行了實驗，結果發現在堅固的橋上的男性後來真的打電話的人數只有一成，相對地，如果是吊橋，收到聯絡方式的男性有半數會打電話。光只是環境不同就有這麼大的差別，「吊橋效應」真是驚人。

　　但是，讓人心跳的環境，真的就會容易對對方抱有戀愛情感嗎？實際上這個理論的效果還有一個大前提，那就是「給予聯絡方式的對象很有魅力」。

　　這是由馬里蘭大學的實驗所證實的，實驗流程如下：首先男性受試者會跑步「15秒」或「120秒」，刻意讓心跳上升。接著讓他們看美麗的女性，以及透過化妝故意扮成「看起來不美」的女性，並請他們評估魅力。結果看美麗的女性時，跑

這是我的聯絡方式，
請聯絡我。

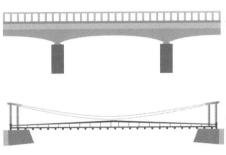

水泥橋上的男性
↓
有
13%會聯絡

吊橋上的男性
↓
有
50%會聯絡

<u>120秒的受試者所評斷的魅力程度比跑15秒的受試者更高，</u>而看不美的女性時，跑120秒的受試者的評估會比跑15秒所評估的魅力更低，也就是說，在不美的情況下，心跳率上升＝愈是心跳加速，魅力就會愈低。如果想用吊橋理論來奪取意中人的芳心，那首先得讓自己變得有魅力再實踐才行。

⇩ 檢證結果 ⇩
在吊橋上更容易墜入情網
（但對象限定美人）

參考文獻 some evidence for heightened sexual attraction under condition of high anxiety passionate love and the misattribution of arousa

關鍵字 **心理學、反安慰劑效應**

人會因為意念而死亡嗎？

「人是否會只因為意念就死亡？」這個問題的有名實驗，就是被稱為「沒流一滴血卻失血死亡」的都市傳說。（註：日本普遍稱為「普阿梅得之血」或「普阿梅得的水滴實驗」）

那是對一個名為普阿梅得的死刑犯進行的實驗，首先告訴普阿梅得，人失去三分之一的血就會死亡，接著在他的腳姆指假裝用手術刀切開，再滴水到準備好的容器中，讓他認為自己真的流血了。此時普阿梅得的頭被固定，而且眼睛是被遮住的狀態。

再來在實驗中每隔一小時就告訴普阿梅得現在的出血量，結果普阿梅得的精神逐漸被害怕給侵蝕，在告知他的出血量已超過三分之一的時候，普阿梅得靜靜斷了氣。即使實際上一滴血都沒流，但只是因為以為自己失血就真的過世了。

這個故事只是個傳說，到底是否真的進行了這個實驗還不清楚，現在一般看法是假的故事，但也不能斷言意念真的不會死人。意念會對身體產生壞影響，這點已經經過各種研究證實了，並被稱為反安慰劑效應（nocebo effect）。

例如，新冠疫苗有各種副作用，調查治療施打假的疫苗（例如生理食鹽水）的2萬2578案例中，發現第一次接種的35％、第二次接種的32％都有頭痛跟倦怠感發生。實際上他們接種的只是生理食鹽水，應該不會有副作用，但因為認定自

己接種了會有副作用的疫苗，所以受試者真的發生頭痛等相關症狀了。

　　另外，還有研究表示，相信「我容易罹患心臟病」的女性死亡率是不相信的女性的4倍。如同「病由氣生」（病は気から）這句日本俗諺所說，意念的影響似乎意外地不能忽視呢。

⇩ 檢證結果 ⇩

無法否定光靠意念
就死亡的可能性

參考文獻 The Lancet Vol 127 No 3277 Jun 19, 1886, p.1175 "CAN IMAGINATION KILL?" Frequency of Adverse Events in the Placebo Arms of COVID-19 Vaccine Trials

人在死亡之際
會看到走馬燈嗎？

據說，人死時就會看到一生中各種回憶的走馬燈。

實際上，徘徊在生死邊緣而平安生還的瀕死體驗者中，有些看到走馬燈的人形容，那像是不停播放的影片，彷彿在看電影螢幕那樣，有種從客觀的角度觀看的感覺。

但是人死之前，真的會把過去的回憶一口氣播放出來嗎？過去的研究中，血裡的二氧化碳濃度如果上升，會產生類似瀕死體驗的症狀。難道除此之外，我們的大腦中還有著面對死亡時，會在短時間裡播放過去記憶的機制？

2022年，由加拿大、美國及中國組成的研究團隊偶然記錄到死前30秒的腦波，並表示實際上在死前的短時間裡，有可能喚起大量記憶。

這個腦波來自癲癇發作的87歲男性，為了檢查而測量他的腦波時，沒想到他突然心臟病發作而死亡，於是意外地記錄下了死亡瞬間的腦波。當然，因為倫理及實驗的妥當性問題，至今都沒有記錄過人死亡時的腦波測定，所以這是第一次記錄到人類死亡瞬間的腦波。

而分析這個記錄後發現，心臟停止後大腦還有短暫時間會放出 γ 波 (Gamma波) 這種腦波。γ 波是跟知覺和意識有關的腦波，在做夢或喚起記憶時會出現。也就是說，死亡時，人腦或許會有從記憶放出某些影像的可能性。

　　當然，這只是單一病例，也不能斷言所有人都一定會測出同樣模式的腦波。只是這類腦波的存在不只是走馬燈，也可能可以解釋靈體脫離，能看見躺在床上的自己的這種感受、或是見到死去的爺爺奶奶等瀕死體驗者們的經驗。

　　我們死時會見到走馬燈嗎？答案無法肯定是YES或NO，但最少自己過世時總會知道吧。

⇩ 檢證結果 ⇩

分析腦波的結果是：
死前可能會見到走馬燈

參考文獻 A replay of life: What happens in our brain when we die?

賽馬押熱門或是冷門，
哪一種比較容易提高收益？

　　一般都認為靠賽馬穩定賺錢是不可能的，理由是賽馬券的收入有一定比例會以手續費名義被主辦徵收，JRA（日本中央競馬會）的扣除比例，依據馬券的種類從20%～30%。要是一場比賽的銷售額有100億元的話，扣掉主辦徵收的錢後，大概也只有70～80億元左右會被當成獎金，理論上長期買賽馬券的話，會愈買愈接近收支-25%的赤字。

　　然而2009年有個顛覆這個常識的新聞，那就是東京都內的數據分析公司，被國稅局指出「未申告賽馬獲得的收益，隱藏了約160億元的所得」。根據報導，該公司的賽馬基金每年約有10%的投資報酬率，這對一個超過20%費用要被扣除的賽馬券收入而言，這個投資報酬率相當驚人。那麼這間公司到底用了什麼方法，留下這麼好的成績呢？也就是買了「三連單馬券」這種網羅排行上位熱門馬的賽馬券。「三連單馬券」是指猜測1～3名的順序，該公司的賽馬基金以獨自的數據分析，排除不太可能進前3名的馬，再以億元為單位幾乎購入了除此以外的所有組合。這種方法需要莫大的資金才能辦到，為什麼用「三連單馬券」買下熱門馬可以穩定獲得利益呢？

　　好奇這個新聞的慶應義塾大學研究學者們，在2009年分析JRA主辦的全部共3453場比賽，結果發現「三連單馬券」的下注傾向有顯著的「熱門冷門偏差」傾向。「熱門冷門偏

比起熱門馬，冷門馬可能會過度受到期待
＝冷門馬的賠率降低而熱門馬的賠率則提高

如果是猜測 1～3 名順序的
三連單的傾向更明顯

統計學上賭三連單的
熱門是回收率最佳的

「差」就是指比起熱門馬，押注會過度集中在機率低的冷門馬上。特別是「三連單馬券」有賠率超過1000倍的組合也不奇怪。即使只花100元買也能獲得10萬元，如果用1000元買就有100萬圓以上，即使覺得不會中，也會產生「如果萬一中了」的期待心理。賽馬基金瞄準的就是這種心理，讓貪心的人們買冷門馬券，提高熱門馬的賠率，結果他們廣泛買入就能得到穩定的收益。

⇩ 檢證結果 ⇩
不要想著大爆冷門，
買熱門馬更為聰明。

參考文獻 競馬とプロスペクト理論：微小確率の過大評価の実証分析

關鍵字　**腦科學、行銷**

可口可樂和百事可樂 哪個比較好喝？

　　當有人問「可口可樂和百事可樂哪一個比較好喝？」時，或許很多人會覺得「這兩種不是都一樣嗎？」，而且實際上可口可樂和百事可樂的成份幾乎相同，就這點來說，兩者的味道確實差不多一樣才對。所以「哪個好喝」的答案應該是「一樣好喝」，但實際上加上某個條件之後，對可口可樂和百事可樂的感受就會有很大的差別。

　　這是2004年由貝勒醫學院的研究團隊所發表的報告。研究團隊首先遮住品牌名讓參加者試喝可口可樂和百事可樂，並請他們回答喜歡哪一個，結果幾乎各佔一半，沒有明確的差異。但是如果募集其他參加者，這次給予貼了可口可樂標籤的杯子，還有另一個沒貼任何標籤的杯子並裝入可樂，就會有約85％的人覺得貼了可口可樂標籤的杯子中的可樂比較美味。但實際上兩個杯子裝的都是同樣的可口可樂，沒有味道的差別，參加者們只是因為貼上標籤，就會覺得比較美味。更有趣的是用同樣的方法測試百事可樂的話，卻不會發生同樣的偏差。所以結論是可口可樂的標籤可以讓人更覺得好喝，而百事可樂的標籤沒有這個功效。

　　此時，研究者使用MRI（磁振造影），來比較喝可口可樂和百事可樂時的人類大腦。結果發現給受試者看可口可樂的圖像並請他喝下，會比沒看圖就喝的時候、或是看百事可樂的圖

A比較好喝！

比較A、B後85%的人覺得A比較美味。

但是……

實際上A、B都是一樣的可口可樂

喝的時候，大腦中掌管記憶的海馬迴反應相當活躍。也就是說，藉由喚起了「可口可樂很美味」的回憶，使得大腦覺得可口可樂更美味。或許可以說兩種商品味道雖然幾乎一樣，但是在市場行銷方面，可口可樂更加成功。

⇩ 檢證結果 ⇩

可口可樂的行銷
非常優秀

參考文獻 Neural correlates of behavioral preference for culturally familiar drinks

關鍵字　**生態學、環境學、生物圈二號**

人工重現出地球環境的生態系可以讓人類永續生存嗎？

　　近年來SDGs（永續發展目標）這個詞經常被人提到，如果人類持續破壞環境，或許有一天地球會不再適合人類居住，到時候可能要被迫移居到月球或其他行星上。那麼，人類如果在月球表面人工製造出模仿地球的生態系，那能不能讓人類不需要地球補給，確保食物跟能源並半永久地生存下去？

　　有個名為「生物圈二號」（Biosphere 2）的實驗計畫就是為了檢證這點。計畫內容是在美國的亞利桑那州的沙漠建造12140平方公尺的巨大玻璃設施，並在這裡放入全世界的3800種植物跟250種生物，試圖再現出熱帶雨林或莽原、海洋等各種地球環境，並讓8名受試者男女進入，飼育農作物和家畜來度過兩年自給自足的生活。也就是人為地打造出地球環境，另外「Biosphere」的意思是「生物圈」，太陽系唯一有生物圈的地球是「生物圈一號」，而這個隔離的生物圈則是「生物圈二號」。

　　這個實驗自1991年開始，當時計畫每兩年換一批受試者並持續100年的實驗。不過，剛開始不久後受試者就面臨嚴峻的問題，那就是氧氣不足。再現地球環境的「生物圈二號」中，植物進行二氧化碳和氧氣的循環，理論上應該會像大氣中的氧氣濃度一樣穩定才對。但是實際上設施的氧氣濃度從21％降到了14.2％。受試者沒辦法順利活動，只能請求外部

生物圈二號引發的問題

接二連三枯死的植物

因壓力引發對立

什麼啊！

要打嗎！

氧氣不足

氧、氧氣不
夠了……

大量家畜死亡

農作物歉收

供給氧氣。導致這種情況的原因是日照不足，以及大量二氧化碳被設施的水泥地給吸收了。這兩點讓需要二氧化碳的植物無法順利生長，慢性造成氧氣不足。另外，農作物也沒辦法好好生長，導致食物不足及森林枯死，而且身處密閉空間及餓肚子的壓力也使得人際關係惡化，造成許多問題連鎖發生。結果實驗最後在1994年中止，證明很難人工打造出地球環境。

⇩ **檢證結果** ⇩

人工生態系
要長時間維持很困難

參考文獻 バイオスフィア実験生活—史上最大の人工閉鎖生態系での2年間

關鍵字　**睡眠、健康**

人類可以醒著多久呢？

　　埋首網路或遊戲時猛然一回神，卻發現不知不覺天亮了，這種經驗大家都有過一次、兩次吧。年輕時因為有體力，所以就算熬一晚也不會有很大影響，但接近40歲後就沒辦法了……實際上人類到底能醒著多久呢？

　　1959年美國的DJ特里普（Tripp）所挑戰的就是在紐約設置被玻璃牆圍繞的播音室，在這裡挑戰主持廣播200小時不睡覺，結果成功了。6年後加州的高中生加德納（Gardner）也挑戰不睡覺，並達到264小時12分的紀錄。換算成天數就是整整11天，真是非常驚人。之後，兩人的身體好像沒有出現很大變化，但是斷眠初期時會有注意力降低，眼睛無法聚焦等症狀出現，隨著日程增加還加上幻覺、幻聽、以及記憶喪失等。跟睡眠有關的研究機構也發表一樣結果，並報告超過兩晚以上的斷眠對肉體和精神很危險。另外，就算不那麼極端，慢性睡眠不足也是導致高血壓、糖尿病、肥胖等疾病的原因之一，還有憂鬱和失智症。想要健康長壽，果然還是需要好好睡覺吧。

⇩ **檢證結果** ⇩

要是10天左右不睡，對身心會有很大負擔。

參考文獻 睡眠の必要性と斷眠.「睡眠の臨床」
Sleep deprivation in the rat；Ⅲ.
Perceptual distortions and hallucinations reported during the course of sleep deprivation.

關鍵字 **數學、摩擦係數**

踩到香蕉皮
真的會滑倒嗎？

以前常聽到有人踩到香蕉皮而滑倒的笑話，但實際上好像沒有聽過真的有人遇到。踩到香蕉皮真的會讓人類滑倒嗎？抱著這個疑問並檢視的科學家，就是日本北里大學的名譽教授馬渕清資。

馬渕是人工關節的專家，在說明關節運作機制及軟骨作用的時候，還特別用「關節的滑動彷彿踩到香蕉皮的時候那麼滑」來作比喻，但實際上並沒有檢證香蕉皮是否真的會滑的論文，所以他便自己開始研究。實驗中利用測量摩擦力強弱的機器，反覆測試地板、鞋子、香蕉皮的摩擦係數，結果辛苦的並不是踩香蕉皮，而是要再現出能滑倒的力道非常不容易。檢證得到的數據後，發現踩香蕉皮的摩擦係數是不踩的 6 倍，也就是 6 倍的滑。會滑的原理是因為踩踏破壞了香蕉皮內側的某個組織並滲出黏液，因而變滑。香蕉的新鮮度也會有影響的樣子，如果想要比較滑的香蕉皮，就要選新鮮的香蕉比較好。

⇩ **檢證結果** ⇩
踏香蕉皮會滲出黏液，
減少摩擦並變得比正常滑上 6 倍。

參考文獻 Frictional Coefficient under Banana Skin

關鍵字 **數學、衝擊波**

有沒有能確實把乾燥的義大利麵對折的辦法？

看到電視上的料理節目會建議把義大利麵折半再煮，這樣不需要大尺寸的湯鍋，煮沸時間也可以縮短，有很多好處。但實際上試做後會發現沒辦法好好折成一半，麵還會變成碎片在廚房噴得到處都是……而麻省理工學院的學生們試圖處理這個惱人問題，想出可以確實把義大利麵折半的辦法。

學生研究團隊的論文發表在美國國家科學院院刊上，折義大利麵時加上扭力是關鍵。團隊為了研究，製作出可以邊扭義大利麵邊折斷的裝置，並反覆實驗會折成怎樣，結果是如果把義大利麵扭轉270度以上並折斷就不會出現多餘的碎片，可以折成兩半。會碎成碎片主要原因是因為當義大利麵從微彎曲狀態恢復原本狀態時會產生衝擊波（像波一樣的震動），但如果加上扭力，就可以讓扭力恢復的動能同時弱化衝擊波。另外，實驗使用的是1.7公釐和1.9公釐的義大利麵，如果是更細的髮麵（Capellini）會發生什麼事，烏龍或蕎麥麵又會怎樣呢？有興趣的人請務必一試。

⇩ **檢證結果** ⇩

如果扭轉270度再折就可以完美折成兩半

參考文獻 Controlling fracture cascades through twisting and quenching

關鍵字 建築學、心理學

木造房子比鋼筋混泥土建築來得舒適？

　　許多人認為比起金屬或混凝土、樹脂等人工素材，木材等自然素材的製品會更加「有溫度」或「親切」。而房子也一樣，許多人覺得木造建築更容易「使人平靜」、「舒適」，實際上建商也認為木造房子從以前到現在都很受歡迎。人類像這樣喜歡木材的理由是什麼呢？

　　首先是木材的素材特性，木材比大理石或塑膠更具有吸收衝擊的效果，另外因為多孔特性，所以可以緩和室內溫度變化，比起混凝土或塑膠貼皮更不易積聚濕氣，觸感上也更有溫度（不會吸走體溫）也是特性之一。

　　另一方面，根據研究調查顯示，鋼筋混凝土校舍和木造校舍相比，木造建築能讓師生比較感覺不到疲勞。研究相關數據發現，木材的觸覺特性會抑制血液的收縮壓，接觸時也不容易產生生理上的壓力。我們平常對木材感受到的喜愛跟親切感，不只是錯覺，科學上也漸漸實證出來。

⇩ 檢證結果 ⇩
木造建築的居住性更佳，能讓身體及心理的壓力較少。

参考文獻 各種材料のガラス玉が割れる高さの比較（出典：林野庁資料 鹿島出版「建築アラカルト」）
床材料の違いによる足の甲の温度変化（出典：林野庁資料 木材工業）
内装仕様が異なる2部屋の人滞在時における室内相対湿度の経時変化（出典：木材工業）
収縮期血圧に対する各材料への接触の影響（出典：J. Wood Sci.）

如果限制卡路里就能更加健康及長壽嗎？

平常醫生或家人常提醒「吃飯只吃八分飽」或「肥胖體型是成人病的先兆」等，也有人一到定期健檢時就很戰戰兢兢。其中也有檢查時就開始減少食量，連忙開始運動的人，而這樣的含淚努力真的有效嗎？

科學雜誌《Nature Metabolism》上刊登了一則研究，將老鼠分成幾個集團，一天進行不同的進食次數和攝取不同卡路里，結果平常進食的組和一天只吃一餐的組相比，後者可以多活半年。順帶一提，如果是低卡路里限制，控制一天攝取量的組，比普通進食的還要稍微短命一點。根據這個結果，研究團隊表示「不是想吃就吃，而是設定空腹時間並健康地攝取卡路里會更有效果」。

以現在的時間點來說，這個研究長期會帶來什麼影響還不知道，但是或許幾年後可以發表出減肥法和延長壽命的祕訣而獲得世界關注也說不定。

⇩ 檢證結果 ⇩
減少進食次數並設定空腹時間可以獲得一定效果

參考文獻 Fasting may mediate the beneficial effects of calorie restriction in mice

第**2**章

跟人體有關的
實驗&研究

嬰兒也在乎公平嗎？

人類對不公平的對待會有敏感的反應，近年來研究發現這並非後天養成的，而是從嬰兒時期開始就對公平有很高的感受性。例如說，嬰兒看到分配食物的場景，便會期待能有公平的分配。

京都大學研究所文學研究科的板倉昭二研究團隊，進一步調查嬰兒所感受到的公平性，並和英國、瑞典的研究團隊簽定合約，檢證14月大的嬰兒對公平性的感受，是否會隨著分配的人的善惡受到影響。

實驗中，讓嬰兒看了「三角形的角色爬上坡道時，幫助了圓形的角色（三角形是好人）」「四角形的角色在爬上坡道時，妨礙了圓形的角色（四角形是壞人）」這兩個場面後，由好人、壞人各自將草莓分配給其他角色，分配分成「好人公平地分配」「好人不公平地分配」「壞人公平地分配」「壞人不公平地分配」等四種結果，讓嬰兒看到這樣的結果，並測試他們如何反應。

嬰兒反應的觀察是利用「違反預期理論」，調查嬰兒注視的時間長短，嬰兒對違反自己預測的事情會因為驚訝，而長時間注視同一個東西。

實驗結果顯示，如果是好人的三角形不公平地分配時，嬰兒會盯著看很久，也就是說嬰兒覺得「好人應該會公平地分配

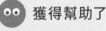

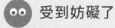

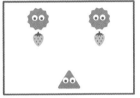

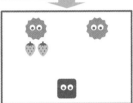

吧」，結果卻違反了他的期待，嬰兒也對預料外的結果注視了很長時間。

　　相反地，如果擔任壞人的四方形不管怎樣進行分配，注視時間都沒有差，嬰兒並不期待壞角色進行公平分配，但也並未期待「會有不公平的分配吧」。

　　根據這個實驗，人類從嬰兒開始就期待著公平分配，還對有良好行為的人有更深期待，對做壞事的人則沒有太多期待。

⇩ 檢證結果 ⇩
嬰兒對公平性的期待
會因好人壞人而有所變化

参考文獻 Do Infants Attribute Moral Traits? Fourteen-Month-Olds' Expectations of Fairness Are Affected by AgentsAntisocial Actions

嬰兒也可以看出
哪個角色比較強嗎？

在人類的歷史上，「擁有超自然能力的人」獲得宗教權威地位的例子不勝枚舉，古代社會的咒術師或巫醫也會獲得崇拜而成為領導者。另外，超自然能力的人成為宗教開山始祖的情況也是有的。那麼，為什麼人會感覺到一個人擁有權威並將之視為上位者呢？

這個疑問，由大阪大學人類科學研究科的孟憲巍、高知工科大學的中分遙、九州大學的橋彌和秀、牛津大學的哈維‧懷特豪斯的國際共同研究團隊從個人心理層面進行研究。他們利用嬰兒會對預期外事物驚訝而長時間注視的特性（「違反預期理論」，請參照64頁），來對產後12～16個月大的嬰兒調查是否能感受到有超自然力量的角色具有社會上的優勢地位。

在這個實驗中，超自然力量是指擁有「飄在空中」或「瞬間移動」等能力的角色，過去的研究中表示，嬰兒對飄在空中或瞬間移動會感到驚訝，是可以理解到這是違反物理法則的。另外，社會的優勢地位則以「競爭勝利的話，就可以獲得資源」來表現。

實驗中，嬰幼兒會反覆觀看有超自然力量的角色跟沒有超自然力量的角色的能力差距，並給他們觀看兩者競爭後贏家得到資源的畫面。

結果，超自然能力角色輸給沒有能力的角色的影像會被注

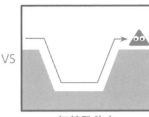

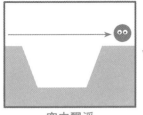

空中飄浮　　　　　VS　　　　無特殊能力

空中飄浮
跟瞬間移動的人
應該會贏吧！

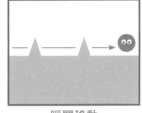

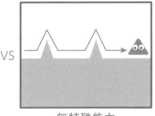

瞬間移動　　　　　VS　　　　無特殊能力

結果發現嬰兒會期待有超能力的角色會贏！

視得比較久，也就是說產後 12 ～ 16 個月大的嬰兒，也認為有超自然力量的角色可以贏得勝利並獲得資源，並對不同的結果感到驚訝。也就是說嬰兒也知道「超能力角色應該有更優越的社會地位」。

　　產後 12 ～ 16 月的嬰兒具有像這樣的「判斷偏誤」，是個新發現。今後隨著研究進行，可能會發現「為什麼多數宗教集團中都有超能力的權威？」等人類的基本心理。

⇩ 檢證結果 ⇩
有超能力的人容易被視為
有社會優勢地位

參考文獻 Preverbal infants expect agents exhibiting counterintuitive capacities to gain access to contested resources

關鍵字 **神經科學、十六醛、攻擊性**

可以用科學證明 「為母則強」嗎？

　　「為母則強」這句話是指，女性成為母親後為了保護小孩而發揮力量，有時甚至不惜付出性命。可以說母愛是最強的技能也不為過，為什麼媽媽會這麼強呢？

　　以色列魏茲曼科學研究所（Weizmann Institute of Science）的神經科學學者諾姆‧索伯（Noam Sobel）所參與的研究團隊，他們發現小嬰兒的頭部會釋放出「十六醛」這種無味化合物，並且想知道它對人體的影響。

　　研究團隊做了一款與看不見的對手交涉並談判分錢的遊戲，讓126名受試者遊玩並進行實驗。此時，有一半的受試者透過在上唇塗抹唇膏，來自然地吸入十六醛，有半數則是塗抹一般的護唇膏。

　　遊戲對戰的對手不是人類，而是會讓受試者產生強烈不滿及不快的緊張感的AI。一開始，遊戲受試者僅能對來挑釁的對手表達不滿，但在第二次的遊戲則可以開始針對對手發出聲音攻擊，受試者可以選擇要讓對手聽見的聲音大小，愈大的聲音就判定受試者的攻擊性愈高。

　　結果吸了十六醛的女性比平均還要多出19%攻擊性，而聞到十六醛的男性則比平均多了18.5%非攻擊性的行動。

　　另外，研究團隊還利用功能性磁振造影（fMRI）掃描受試者的腦部活動。調查結果發現聞了十六醛的女性抑制攻擊性的

聞到十六醛後

比平均多19%
攻擊性的行動

十六醛

比平均多
18.5%以上
非攻擊性的行動

女性攻擊性增加↑

男性攻擊性降低↓

大腦領域的神經傳導減少，而男性同樣領域的傳導則是增加。
根據研究顯示，女性攻擊性增強13％，男性減少20％。

　　看到這個結果，研究團隊推測「十六醛或許跟嬰幼兒的存
亡有關」，但要得出結論還有賴今後的相關研究。

⇩ 檢證結果 ⇩
未來或許可以科學證明
「為母則強」

參考文獻 Sniffing the human body volatile hexadecanal blocks aggression in men but triggers aggression in women
Chemical emitted by babies could make men more docile, women more aggressive

想要「延後再做」是因為睡眠不足？

　　你有「最後一天才做暑假作業」「報告死線前一天才在熬夜」這些把必做事項延後，最後才辛苦趕工的經驗嗎？

　　過去會把這種拖延的狀況視為自我調整能力低落的結果，也就是說沒辦法好好控制自己的行動，所以沒有採取達成目標必要的行動而延後了。另一方面，普遍認為與生俱來就能自我控制得很好的人，這樣的人不容易拖延。可以說前者是自制力較弱的人，後者是自制力較強的人。

　　但是，荷蘭阿姆斯特丹大學的Wendelien van Eerde和Merlljn Venus認為，是因為自我調節會對大腦產生負擔，為了恢復大腦功能，品質好的睡眠扮演了重要的角色。

　　因此，兩人對不同職業的71名男女進行問卷調查。最初的問卷只做一次，回答「我很擅長抵抗誘惑」「我很難停止壞習慣」「要是我能更加有紀律就好了」「別人都說我擁有鐵的紀律」等四個問題，並設有五種不同程度，讓受試者自我評價哪種程度最符合自身狀況，以此來調查自制力的強弱。

　　接著下一個階段，則是連續十天進行一天兩次的問卷調查，調查前一晚睡眠品質並以五個程度自我評價，最後再以「我今天浪費了時間」「今天我雖然浪費了時間，但我束手無策」「今天我告訴自己要做點什麼事，但是沒有做」等三個問題，同樣以五種程度給予評估，記錄每天的拖延程度。

睡眠品質不好	睡眠品質好

自制力弱的人 **比強的人** 更容易拖延	**自制力強** **或弱的人都** 更不容易拖延

Van Eerde分析問卷結果，結論是「睡眠品質會影響隔天的拖延情況」「睡眠品質好的人，不管自制力強弱，都比較不會拖延」「睡眠品質不好的情況，自制力弱的人會比自制力強的人更容易受到不好的影響」。另外，比較同一人的拖延情況，每天會有很大的變動，容易拖延的人比起個人自制力強弱，受到睡眠品質的影響更大。

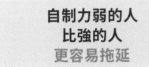

⇩ 檢證結果 ⇩
拖延比起個人特質
更受到睡眠品質的影響

參考文獻 A Daily Diary Study on Sleep Quality and Procrastination at Work: The Moderating Role of Trait Self-Control

女性比男性更能忍耐痛？

　　女性會體驗到男性無法體驗的生理痛和生產陣痛，所以比男性更能忍受痛。這是一般常聽到的說法，但真的是如此嗎？

　　加拿大蒙特婁的臨床心理師梅蘭妮・拉辛（Melanie Racine）的團隊在1998～2008年的期間裡，調查不同性別對痛的感受，總計檢證172份報告，並總結為兩份結果報告。

　　第一份報告統整對健康的人進行痛覺和刺激實驗的122份研究結果，另一份則是心理社會因素跟疼痛有關的129份研究報告。

　　根據報告，如果是忍耐冷刺激、熱刺激、缺血性疼痛、肌肉痛及刺激、化學性的痛楚或刺激，沒有特別的性別差。男女有所差別的是當對皮膚施加壓力時，其所感覺到疼痛的難易程度。像是，一般不會讓人感覺到痛的觸摸力道或是輕度壓迫，卻會產生痛感的感覺異常「觸摸痛」（Allodynia），以及是否容易患有痛覺過敏，無論哪種女性都多於男性。另一個女性的特徵是過去生活史會影響痛覺，但沒有發現女性比男性更能忍受痛的證據。

　　另外，西班牙馬拉加大學的教授卡門・拉米瑞茲・馬埃斯特雷（Carmen Ramirez Maestre）等人的研究結果表示，對痛覺的感受性沒有性別差異，只是個人差異。

　　該研究對象是背上有慢性疼痛的「慢性脊髓疼痛」患者

至今的一般說法是
「女性比男性更能忍痛」

根據過去報告分析結果，發現忍痛能力沒有男女差異

女性特徵

- 對壓迫疼痛忍受性較弱
- 容易神經過敏或觸摸痛
- 過去生活史會對痛覺有所影響

※ 通常不會引發疼痛的微小刺激也產生痛覺的知覺異常。疼痛感覺異常。

400名，並給予對痛的忍耐力和身體可以活動到什麼程度的問卷來蒐集數據，結果男女對疼痛的感受有許多共同點，沒有發現性別差異。而是每個人對疼痛的耐性和接受度的差別，也就是說單純「是否能忍痛」只有個人差異。

這些研究發現的性別差異是疼痛帶來的「害怕」程度，男性對痛的害怕跟痛的程度相關，而女性沒有這種傾向。害怕疼痛的患者多半也經歷過不安或抑鬱的症狀，而擅長忍痛的男性也就可能更容易有這類經驗。

⇩ 檢證結果 ⇩
疼痛的感受性
沒有男女差異

參考文獻 A systematic literature review of 10 years of research on sex/gender and experimental pain perception - part 1: are there really differences between women and men?
A systematic literature review of 10 years of research on sex/gender and pain perception - part 2: do biopsychosocial factors alter pain sensitivity differently in women and men?
Pain tolerance levels between men and women are similar

當旁邊有人時，
是否不容易尿出來？

　　每個人都有所謂的個人空間，如果被他人侵入就容易感到不快。但是世上也有無論如何都得忍受他人的狀況，例如，使用男子廁所的小便斗時，個人空間完全被侵犯，而且完全無法守住隱私，是必須跟他人肩並肩排尿的特殊狀況。

　　丹尼斯・米德爾米斯特（Dennis Middlemists）的團隊關注了這個情況。他們推測如果個人空間被侵犯會引發緊張，廁所的小便斗跟人距離愈近，排尿開始的時間點應該會比較慢，到排尿結束為止的時間則會比較短才對。

　　驗證這個假說的實驗在美國中西部某大學的男廁進行。該廁所有三個小便斗，兩間個間。實驗會將受試者帶到小便斗的左側，而剩下兩個小便斗則由協助者站著，或是會放「暫停使用」的牌子。

　　如果是近距離條件，就是右側放「暫停使用」的牌子，而協助者會站在中間，受試者被引導到左側，受試者跟協助者的肩膀距離大約為40～46公分。中距離條件是三個小便斗的中間放上「暫停使用」的牌子，協助者則站在右側。受試者一樣被引導到左側，和協助者的肩膀距離約為132～137公分。而單獨條件則是三個小便斗的右側跟中央會設置「暫停使用」的牌子引導受試者站到左側。

　　受試者就像這樣一定只能站到左側，而排尿過程則由躲在

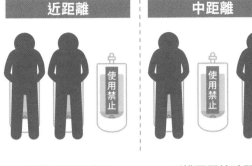

近距離	中距離	單獨

到排尿開始時間 平均8.4秒	>	到排尿開始時間 平均6.2秒	>	到排尿開始時間 平均4.9秒
結束時間 平均17.4秒	<	結束時間 平均23.4秒	<	結束時間 平均24.8秒

對人距離愈近，開始排尿的時間點愈晚，排尿時間也愈短。

廁所個間的觀察者從縫隙中使用潛望鏡偷看，計算排尿的開始時間和持續時間。

結果排尿開始時間在近距離為8.4秒，中距離6.2秒，單獨條件4.9秒。與人距離愈近愈慢。另外到排尿結束為止的時間，近距離條件為17.4秒，中距離條件為23.4秒，單獨條件為24.8秒，對人距離愈近則結束時間愈短。

實驗結果證明了假說，但因為受試者不知道自己參加了實驗，加上偷看別人排尿有倫理上的問題而受到了批判。

⇩ 檢證結果 ⇩
跟旁人距離愈近
愈不容易排尿

参考文獻 Personal space invasions in the lavatory: suggestive evidence for arousal

關鍵字 醫療、腸道菌群、腸內細菌、FMT

便便可以拯救絕症？

近年來「腸道菌群」（Gut flora）受到世人很大的關注，「flora」就是英語花田（植物群）的意思，人類腸內有500兆～1000兆個數百種細菌，這些細菌各自依不同種類聚在一起，那樣子就像花田一樣，所以又被稱為「腸道菌群」（Gut flora）。

腸道菌群會因人而異，分別對分解營養或能量代謝、免疫等不同功能造成影響，因此會影響非常多疾病，如：潰瘍性大腸炎或克隆氏症（Crohn's disease）、自體免疫性疾病、異位性皮膚炎、食物過敏等。另外有報告指出，潰瘍性大腸炎、糖尿病患者或肥胖的人的腸道菌群細菌數和種類也比較少。

因此如果把健康的人的糞便給生病的人，就可以移植腸內細菌，並改善腸道菌群，這就是名為「糞便微生物移植」（FMT）的治療法。糞菌移植的方法分別有將經過抗藥性檢查確認安全的糞便稀釋後給予病人的方法，以及單獨培養出需要的腸內細菌再移植給病人的辦法。給予病人的方式可以使用大腸內視鏡來直接散播在腸內，或是透過膠囊內服等。

現在已經確立可採用這種治療法的疾病只有「困難梭狀芽孢桿菌感染」（Clostridium difficile Infection），但是現在針對潰瘍性大腸炎或克隆氏症等消化道疾病、神經系統難治之症及冠狀動脈疾病的研究也在進行中。

什麼是糞便微生物移植（Fecal microbiota transplantation）？

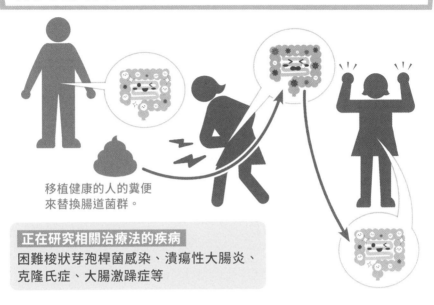

移植健康的人的糞便
來替換腸道菌群。

正在研究相關治療法的疾病
困難梭狀芽孢桿菌感染、潰瘍性大腸炎、
克隆氏症、大腸激躁症等

除此之外，奧克蘭大學的研究者分析至今FMT龐大的臨床研究數據後，發現有人可以排出或許能治療特定難治之症的「治療效果佳的便便」。

例如，2015年針對75名潰瘍性大腸炎患者的FMT臨床實驗中，全體的治癒率是24％。但是症狀幾乎完全消失的9名患者中，有7人是給予同一位捐贈者的糞便。另外，2017年進行的其他臨床實驗中，也發現接受特定捐贈者的糞便的患者，疾病幾乎完全消失的機率很高。但是現在還不知道為什麼特定人士的大便特別具有治療效果，也有可能是因為大便其他非細菌的因素，所以之後還需要更多研究。

⇩ 檢證結果 ⇩
移植便便可以用來治療難治之症！

參考文獻 Some of us may produce super-healing poop — and scientists are on it
The Super-Donor Phenomenon in Fecal Microbiota Transplantation

關鍵字 **心理學、生物學**

為什麼自己小孩的糞便就感覺沒那麼髒？

　　育兒中的母親可以平靜地更換小孩尿布，冷靜一想，被便便弄髒的尿布應該很髒才對，但她們卻沒有一絲嫌惡或猶豫。厭惡便便等排泄物算是演化出來的行動，有降低病原體感染風險的效果。

　　但是也有很多情況下不得不壓抑住嫌惡感，像是育兒時的母親。那麼為什麼育兒中的母親不會覺得自己小孩的糞便很髒呢？

　　澳洲麥覺理大學的崔佛·凱斯（Trevor I.Case）團隊以嬰幼兒母親為對象，調查她們是覺得自己嬰兒的便便臭，還是其他人的嬰兒的便便比較臭？並以此規劃一場實驗。

　　該實驗中不是以視覺來判斷，而是要嗅聞放進箱中的尿布是否臭，並針對每個箱子的臭味進行判斷。

　　一開始會請她們嗅聞並判斷放入自己嬰兒尿布的箱子和其他人嬰兒的尿布的箱子，接著再請她們重新做一次實驗，但這次箱子貼有可以知道是誰的尿布的標籤。最後一次則是故意搞錯箱子標籤來請受試者判斷。

　　結果無關標籤，每個實驗母親都會覺得自家的小孩的便便比較不臭。但是沒有標籤的箱子，也就是沒有先入為主想法的情況下是最覺得不快的。因此可以推測出嬰兒便便的臭味中含有什麼，讓母親不容易感到不快。

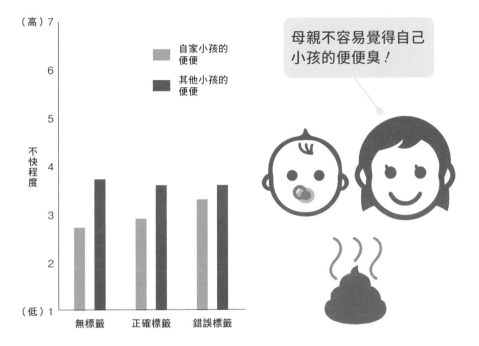

母親對於自家嬰兒便便的嫌惡感，可能會影響到母親照顧小孩的能力，甚至會影響母親和嬰兒間的關係，所以為了不發生這種事，人類就減少不快、不會產生嫌惡感。

⇩ 檢證結果 ⇩

母親不容易覺得
自己嬰兒的便便臭

參考文獻 My baby doesn't smell as bad as yours: The plasticity of disgust

關鍵字　**物理學、科氏刺激**

為什麼擲鐵餅會暈，
但擲鏈球卻不會暈呢？

　　投擲競技分成鏈球和鐵餅，兩種都需要旋轉身體並投擲物品來比較物體飛行距離。這樣不斷旋轉身體，可能會擔心有頭暈現象，但是擲鏈球的選手好像不會暈。不過，更不可思議的是，即使是經驗老道的擲鐵餅選手有時也會頭暈。在外行人眼中這兩種競技都一樣，為什麼會有這種差別呢？

　　找出答案的是法國的菲利普‧佩蘭（Philippe Perrin）的團隊。佩蘭詢問鐵餅選手11人及鏈球選手11人跟頭暈有關的問題。結果擲鐵餅的選手約半數回答「有頭暈經驗」，另一方面鏈球的選手完全沒有相關經驗。另外，鐵餅跟鏈球兩種都練習的選手很多，可以判斷不是個人問題，而是競技類型本身的問題。

　　接下來，教授們錄下選手投擲鏈球和鐵餅的慢動作影片，仔細分析動作，結果兩個競技乍看相同，但到投出為止的動作有很大差別。

　　首先，投鏈球時手臂和鏈球會進入視線中，並且會盯著看，而鐵餅不會進入視野中，很難固定視線。也就是說，只要固定視線，頭就會有沒移動的錯覺，也不容易暈。

　　頭的位置非常重要，身體水平連續轉動並且頭也轉動的話，會產生「科氏刺激」這種強烈的動暈症現象。鏈球旋轉時頭幾乎不會動，但是擲鐵餅的動作有一半時間軀體是跟頭方向

看似相似卻不同的 「擲鏈球」「擲鐵餅」動作

擲鏈球
- 手臂和鏈球會進入視線中，視線容易固定
- 軀體跟頭的方向一致
- 單腳會一直站在地上

擲鐵餅
- 鐵餅不會進入視線中，視線不容易固定
- 軀體和頭的方向經常變化
- 最後會跳躍

只有擲鐵餅時會頭暈的理由
- 視線不固定的話，大腦會認為頭的位置改變了
- 身體跟頭的相對位置如果發生變化，會產生「科氏刺激」，並引發動暈症現象
- 跳躍會讓姿勢感覺產生混亂，引發暈眩

不同的狀態。另外，擲鏈球經常單腳站在地上，大腦可能判斷身體是直立的，但鐵餅投出的瞬間會跳躍，所以腳會離開地面，腦的空間認知就隨之混亂而引發頭暈。

解開擲鐵餅為什麼會頭暈之謎的研究，獲得了 2011 年搞笑諾貝爾獎的物理學獎。

⇩ **檢證結果** ⇩

擲鐵餅特有的動作
是頭暈的原因

參考文獻 Dizziness in discus throwers is related to motion sickness generated while spinning

關鍵字　醫學、迪士尼

雲霄飛車可以治療疾病？

　　遊樂園最受歡迎的遊樂設施，應該是雲霄飛車吧？雖然有人喜歡、有人不喜歡，但如果考慮到健康的話，搭雲霄飛車絕對比較好喔。這是因為搭乘雲霄飛車時腎臟會搖晃，可以自然排出比較小的腎結石。

　　這令人驚訝的研究，是由美國密西根大學的大衛・瓦廷格（David Wartinger）團隊發表的。研究動機是這數年來，搭乘美國佛羅里達州的華特迪士尼樂園的雲霄飛車「巨雷山」（Big Thunder Mountain Railroad）後，自然排出腎結石的患者多到引起了學者注意。某個患者表示，「連續搭三次雲霄飛車後，結石就排出來了」因此，為了解答雲霄飛車跟腎結石排出的關聯性，研究者蒐集了相當數量的報告。

　　瓦廷格教授將患者體內取出的大小相異的三種結石（4.5立方毫米、13.5立方毫米、64.6立方毫米）放進用矽膠製成的腎臟模型中，然後經由迪士尼公司的協助下，將模型放在實際腎臟的位置搭乘「巨雷山」共20次（前面位置8次、後面位置12次），確認結石是否真的會從腎臟中飛出來。

　　結果是真的會排出腎結石。另外，如果坐在前面座位，排出的比例為12.5％～25％，後面座位的排出比例則有58.3％～66.7％之多，可知後面座位有前面座位的數倍效果。只是關於雲霄飛車可以促進結石通過腎臟的機制，現在還

搭三次雲霄飛車結石就排出來了。

真的嗎？這很有趣耶，來實際試試看吧！

準備腎臟模型跟不同大小的真結石搭乘 20 次雲霄飛車來檢證

排出結石的比例

結石大小	4.5 （立方毫米）	13.5 （立方毫米）	64.6 （立方毫米）
坐在前座	12.5%	12.5%	25.0%
坐在後座	66.7%	58.3%	66.7%

沒有科學解釋。

　　結石在腎臟中幾乎不會痛，但要是大到一定程度以上，就會落到尿道中而成為尿道結石，然後某天會突然發生猛烈的疝痛。這種痛甚至稱為「三大劇痛」的其中一種。一邊享受雲霄飛車一邊排出結石，完全是一石二鳥，下次休假不妨就去試試如何呢？

⇩ 檢證結果 ⇩

搭雲霄飛車可以預防
腎結石和尿道結石

參考文獻 Validation of a Functional Pyelocalyceal Renal Model for the Evaluation of Renal Calculi Passage While Riding a Roller Coaster

早起會對健康和表現有不良影響？

俗話說「早起的鳥兒有蟲吃」，自古都說早起有好處。近年來也推廣晨型生活，可以說早起比較健康已經是常識了。

而英國牛津大學的神經科學研究所名譽研究員保羅・凱利（Paul Kelley）有完全不同的主張。凱利是研究睡眠和晝夜節律的研究者，他警告現在的學校和公司普遍的上班時間，跟人類本來的生理時鐘不合。

凱利率領的專案團隊研究人類的行動規律，發現青春期的上學時間，16歲最好是10點，18歲最好是11點。實際上，延後上學時間的學校，學生成績也上升了。這就是因為在符合生理時鐘的時間醒來，可以獲得適當的睡眠，讓大腦在清醒的時間開始上課的好影響。現在的上課時間如果跟青春期學生生理時鐘不同調，小孩會陷入慢性睡眠不足的問題，睡眠不足會導致注意力散漫、記憶力低下，會讓表現惡化，也會造成不安感、不滿跟憤怒等精神壓力，還會成為肥胖或高血壓等疾病的原因之一。

公司也是一樣，早上9點開始上班，對年輕上班族來說太早，工作表現也會惡化，使得工作效率跟生產力下降。

另外分析全世界人們的睡眠模式，發現比起一直都是早上7點以後醒來的人，6點前就醒來的人罹患心肌梗塞或腦中風等疾病的風險最多會高出4成。而且糖尿病或憂鬱症等疾病的

各年齡層推薦的起床及活動開始時間

	青年期 （15～30歲）	壯年期・中年期 （31～64歲）	老年 （65歲以上）
起床時間	9：00	8：00	7：00
活動開始時間	11：00	10：00	9：00

本來不應該比
六點早起的

人類生理時鐘周期和實際行動周期的落差，
會對身體有諸多不好影響

早起的壞處①

大腦功能低落

・集中力　・記憶力　・溝通能力

早起的壞處②

罹病機率提升

高齡者
特別危險！

・代謝症候群
・糖尿病　・高血壓　・心肌梗塞　・腦中風
・心功能不全等循環系統疾病
・HPA機能（下視丘－腦垂線－腎上腺軸）不
　全導致憂鬱症

發作機率也會高出2～3成，並且容易轉為重症，因此早起其
實對健康反而不好。

　　人類有各自適合的睡眠模式及睡眠時間，生理時鐘也不會
這麼簡單改變，考慮到在學校及職場的表現跟健康，最好不要
強制早睡早起，而是根據個人睡眠模式建立學習及工作的彈性
體制才對。

⇩ 檢證結果 ⇩

不符合生理時鐘的生活
對健康跟表現都有不良影響

參考文獻 Synchronizing education to adolescent biology: 'let teens sleep, start school later'

關鍵字 醫學、睡眠、猝睡症

為什麼上了年紀
就容易半夜醒來？

　　晚上醒來好幾次，或是早上提早醒來……為什麼高齡者會發生睡眠煩惱？這個過去不明的原因，美國史丹佛大學的研究團隊利用老鼠實驗解開了。

　　研究者們首先關注的是即使在充足睡眠的狀態下，白天也會突然睡著的疾病「發作性嗜睡症」（猝睡症）。他們認為這個症狀和伴隨年紀產生的睡眠障礙相反，兩種疾病應該是互為表裡。

　　研究者使用老年老鼠展開研究，確認是否跟人類高齡者一樣睡眠會片段化，並調查維持清醒狀態必須要有的腦細胞「食慾素神經元」（orexin neurons）的活化程度。他們原本認為這個神經細胞如果重度殘缺，就會導致「發作性嗜睡症（1型）」，相反地，要是這種細胞太多的話會容易醒來。而老年老鼠腦內的食慾素神經元，最多竟然減少了38%。

　　因此，研究者們調查了食慾素神經元的電學性質，發現因為活性化的「閾值」大幅降低而導致過敏狀態，即使只是受到微小刺激，大腦也會發出清醒訊號。

　　接著，研究者們調查引起食慾素神經元過敏的機制，結果過敏化與維持腦細胞靜止電位功能的「鉀離子通道」這種蛋白質的減少有關。老年老鼠腦內的蛋白質減少，所以食慾素神經元經常維持在活化狀態、容易發出清醒信號。

1 觀察老年老鼠大腦的結果是，維持清醒狀態必須的「食慾素神經元」最多失去38%。

2 食慾素神經元減少，但維持容易活性化的過敏狀態，即使只有一點刺激也會發出清醒訊號。

3 過敏化的原因是，讓腦細胞可以維持關機狀態的「鉀離子通道」蛋白質減少。

4 給老年老鼠刺激鉀離子通道的「氟吡汀」後，發現腦細胞過敏狀態消失，睡眠途中不再醒來。

老鼠和人類有同樣睡眠片段化機制的可能性很高，
近期可能會有改善高齡者睡眠片段化問題的藥誕生。

　　對此，研究者們給予老年老鼠刺激鉀離子通道的「氟吡汀」，結果老年老鼠的腦細胞過敏情況消失，睡眠途中也不會再醒來了。

　　人類很有可能也有同樣的睡眠障礙原因，因此也開始考慮使用氟吡汀治療的有效性。但是這個藥對肝臟有毒性，所以不能對人類使用，因此，目前還在等待同樣作用的新藥開發，不久的將來後應該可以治療睡眠障礙。

⇩ 檢證結果 ⇩
腦細胞過敏是
維持清醒狀態的原因

參考文獻 Hyperexcitable arousal circuits drive sleep instability during aging

人為什麼會說謊？

　　世界上有誠實的人，也有各式各樣的騙子，但至今為止，我們還不清楚為什麼會有這樣的個人差異。

　　京都大學的阿部修士利用將腦部活動影像化的「功能性核磁共振造影」（fMRI），以及心理學課題來測驗說謊比例，並且調查誠實及不誠實程度的個人差異、以及大腦機制。

　　最初的實驗是受試者會挑戰「出現正方形的瞬間，壓下按鈕就能獲得報酬」的課題，並且用功能性核磁共振造影分析出正方形出現時的腦部活動，區分出期待報酬時的大腦活動及處理跟報酬有關資訊很重要的「依核」區域的活動。

　　下一個實驗是受試者預測「丟硬幣的正反面」，如果猜中了就可以拿到錢，沒中就會扣錢。

　　在這個課題中，一組受試者會先記錄下丟硬幣前對正反面的猜測，並且自動判定是猜中或沒猜中；另一組則是丟硬幣前由受試者在心裡預想，自己報出猜中或沒猜中，這兩種方法中前者無法說謊，但後者可以任意說謊。因此如果受試者自己報出的預想猜中率超過偶然機率的比例，就可以判斷是為了拿到錢而說謊了。

　　分析兩個實驗的結果可以發現在最初的實驗中，大腦內「期待報酬」的依核較為活躍的人，在第二個實驗中說謊的比例也比較高。也就是說，依核的活化程度有個人差異，並且某

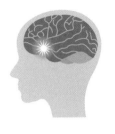

依核
在追求快感報酬的行動，以及提升意願方面扮演重要角色。

低　　　　　　　依核活躍程度　　　　　　　高

實驗結果是依核的活動有很大的個人差異，依核活躍的人說謊比例越高！

誠實　　　　　　　　　　　　　　　騙子

種程度上可以決定人類的誠實程度。

　　而依核愈是活化的人，演出正直的樣子時，「背外側前額葉」的區域活化程度也高。背外側前額葉是大腦中扮演理性判斷跟行動控制的重要角色，也就是說對報酬反應高的人，愈是能控制對報酬的誘惑而偽裝成誠實的樣子，因此需要更強的背外側前額葉來控制行為能力。

⇩ 檢證結果 ⇩
依核活化程度高的人
愈容易說謊

參考文獻 Response to anticipated reward in the nucleus accumbens predicts behavior in an independent test of honesty

關鍵字　**細菌、迷走神經、味覺受器**

腸內的細菌
決定你想吃什麼？

　　你是不是有過類似「今天不知道為什麼很想吃魚」，這樣突然想吃某種食物的經驗呢？加利福尼亞大學卡羅‧馬雷（Carlo C. Maley）的研究團隊有個驚人的研究結果，像這類對食物的需求或許受到了體內的細菌所控制也說不定。

　　過去的研究已知人類的消化道中有1000種以上的細菌棲息，細菌會分解人類吃的食物並獲得生存所需的營養。這些細菌在獲得營養的同時，作為交換的是它們也會幫助人類消化分解，製造維他命，打擊壞菌、加強免疫等，可以幫助宿主人類調整身體狀態。

　　但是根據馬雷等人的研究團隊，細菌不只是管理人類的身體健康，連人類選擇的食物都可能會一起管理。不用說，食物選擇和營養攝取當然是對人類健康有重大影響的要素，而消化道內的細菌會跟競爭對手的細菌進行生存競爭，為了獲勝，有時會犧牲宿主的健康，會選擇比起對人類有利，不如說是對細菌更有利的食物。

　　細菌操作人類，誘使人類想吃蘊含對自己有利營養的食物，例如在人類吃下可以提升自己體力的食物之前，不斷誘發出不適感等。另外也會誘使人類吃下可以抑制競爭對手細菌的食物，包含讓「味覺受器」發生變化、奪取連接腸道跟大腦之間的神經軸線「迷走神經」、生產改變心情的毒素等，報告指

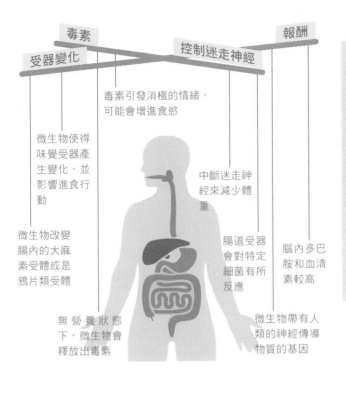

毒素

受器變化

控制迷走神經

報酬

毒素引發消極的情緒,可能會增進食慾

微生物使得味覺受器產生變化,並影響進食行動

中斷迷走神經來減少體重

微生物改變腸內的大麻素受體或是鴉片類受體

腸道受器會對特定細菌有所反應

腦內多巴胺和血清素較高

無營養狀態下,微生物會釋放出毒素

微生物帶有人類的神經傳導物質的基因

微生物操作人類的報酬通道、生產改變感受的毒素、讓味覺受器變化、介入腸腦間的主要神經軸線迷走神經,透過各種機制,微生物可以像是操作戲偶那樣控制人類的進食行為。

出細菌透過這些機制來控制人類的進食行為。

　　或許,人類明明有「想再吃一碗飯」的需求,但是又會產生「會發胖還是不要好了」等壓制食慾的自制心,就是大腦正在抑制腸中細菌發出的指令也說不定。另外,「小時候討厭的食物,長大後變得喜歡了」這類後天的味覺改變,也可能是因為受到這類食物好處的細菌開始棲息在腸道內也說不定。

⇩ 檢證結果 ⇩
細菌對食物的影響很大

參考文獻 Is eating behavior manipulated by the gastrointestinal microbiota? Evolutionary pressures and potential mechanisms

幽靈是大腦讓你看見的幻覺？

從人類有歷史以來，不論各個時代、文化、地區，都會提到死者靈魂現身的「幽靈」，幽靈究竟是否存在，本身有其爭議，但許多人目擊過幽靈、有過靈異體驗、或是留下靈異照片也是事實。

有個對幽靈存在引發爭論的實驗，是由瑞士洛桑聯邦理工學院的奧拉夫‧布蘭克（Olaf Blanke）所進行的。該實驗的結果竟然是成功讓人感受到了幽靈。

該實驗將眼睛矇住的受試者的食指，跟前方的機械手臂機器人相連，機械手臂會透過程式控制，此外，受試者背後還有其他組機械手臂，該手臂會觸碰受試者的背。

首先，前方的機械手臂壓住受試者手指，同時受試者背後的機械手臂則觸摸受試者的背，接著受試者們會錯覺自己的手指摸到了自己的背。

接著，教授們讓壓手指的動作到碰背的動作之前產生些微延遲，結果只是延遲僅僅0.5秒，受試者就感受到有什麼不可知的存在或氣息，覺得有誰在看自己，或是誰在摸自己。當然周圍不可能有人，也不可能用手指去碰。

受試者三人中有一人感受到不舒服的幽靈，最多感受到了四人的幽靈氣息。受試者們覺得背後有不舒服的感覺而十分慌亂，兩人要求立即停止實驗。

機械手臂

觸覺回饋

機械手臂

實驗 **1** 和手指相連的機械手臂壓住手指，背後的機械手臂同時碰觸受試者的背部。

受試者有自己的手指摸到背的錯覺

實驗 **2** 和手指相連的機械手臂壓住手指，但在0.5秒的延遲後，才讓背後的機械手臂碰觸受試者的背部。

受試者覺得被他人觸碰、看著，感覺幽靈存在或不舒服的感覺

因為大腦的錯覺，所以成功讓人感受到了未知的東西（幽靈）存在。

　　也就是說這個實驗人工地讓人感受到了幽靈般「不知道是什麼」的存在。根據教授的說法，矛盾的感覺和運動訊號會讓大腦產生錯覺，平時也有可能發生，或許幽靈正是大腦產生的錯覺。

　　雖然根據實驗解開了人類感覺得幽靈存在的其中一個原因，但應該還是沒辦法光靠這個否定幽靈的存在吧。

⇩ **檢證結果** ⇩
雖然解開了其中一個
感覺到幽靈的原因……

參考文獻 Neurological and robot-controlled induction of an apparition.

關鍵字 **生物學、泛種論**

人類的起源在宇宙嗎？

　　地球生命是從哪裡起源的呢？許多科學家都對這個疑問提出了各種假說。其中一個假說認為「地球生命起源來自宇宙的微生物」，這就是所謂的「泛種論」。

　　宇宙空間有強烈的紫外線、極端的溫度變化、微小重力，對生物來說是很嚴酷的環境，另外進入大氣層時還有高溫和衝撞時的衝擊。因此過去的主流是認為岩石或慧星能保護微生物並帶來地球的「隕石泛種論」。

　　但是日本宇宙航空研究開發機構（JAXA）和東京藥科大學的山岸明彥的共同研究團隊開始有一個想法，「微生物塊」可能可以在宇宙空間中移動。為了驗證生命或有機化合物可能在行星間移動，「蒲公英計畫」的一環就是讓微生物塊在宇宙空間進行長時間曝曬的實驗。

　　這個實驗是利用國際太空站的日本實驗棟「希望」的外部，蒐集乾燥後的「高度抗幅射奇異球菌」（Deinococcus radiodurans）這種細菌細胞後放進容器中，再放在太空站外三年。人類暴露在10Gy的輻射下就會死，而這種細菌沐浴在5000Gy的輻射量中也不會死，甚至接受了15000Gy也還有37%生存率，對輻射線有很強的抗性。

　　回收放置在宇宙空間中三年的微生物塊後進行了調查，發現表面雖然因強烈紫外線照射而受到很大損害而白化，但是白

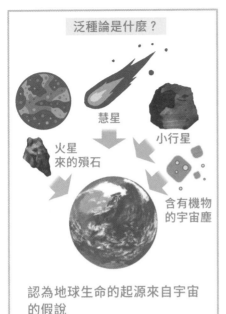

泛種論是什麼？

慧星

小行星

火星
來的殞石

含有機物
的宇宙塵

認為地球生命的起源來自宇宙
的假說

在國際太空站檢證進行泛種論
的實驗「蒲公英計畫」

在太空站外部放置內有「高度抗幅
射奇異球菌」細菌塊的容器，並放
置3年時間

確認即使在強烈紫外線及極端溫
度、微小重力下也能生存

發現透過細菌聚集，可以忍受宇宙
的嚴峻環境並移動

化層之下被死亡細胞所保護，反而沒受到太大損傷，培養這些
細胞的結果發現DNA可以好好修復並變回了原樣。

　　也就是說，高度抗幅射奇異球菌在宇宙空間被放了三年，
還是活了下來。

　　研究團隊的結論是，如果是高度抗幅射奇異球菌，就算一
塊只有1mm厚，也可以在宇宙生存2～8年。有這樣的時間
就可以從火星抵達地球，但即使微生物塊可以在宇宙中旅行並
抵達地球，是否能承受進入大氣層時的高溫和衝擊還是未知
數。關於這點還需要更多實驗和研究。

⇩ 檢證結果 ⇩

有些微生物
在宇宙空間也不會死亡

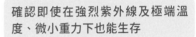

參考文獻 DNA Damage and Survival Time Course of Deinococcal Cell Pellets During 3 Years of Exposure to Outer Space

關鍵字 **物理學、動力學、低頭族**

為什麼行人「總是」不會撞到其他行人？

即使在人群中，走路時也可以不撞到其他人——這對我們人類來說是很理所當然的事，而仔細思考這個機制的兩個研究，都在 2021 年得到了搞笑諾貝爾獎。

一個是獲得物理學獎的〈為什麼行人總是不會撞到其他行人〉，另一篇則是獲得動力學獎的〈為什麼行人「有時」會撞到其他行人〉，看兩篇論文的標題，可能會覺得結論完全相反，但看完具體的研究結果後就可以知道並非如此。

首先，是物理學獎的研究，恩荷芬理工大學的亞歷山卓·科爾貝塔（Alessandro Corbetta）的研究團隊，在荷蘭某個車站研究通道上行人的移動，他們使用雷射感應器追蹤了六個月，並分析共 500 萬人次的行人數據，結果發現人們會為了避免碰撞，而做出避開的動作，雖然乍看是人類意志的結果，但具有物理法則的特徵。這個研究的重點是，人不多的情況下會互相解讀彼此的動向，所以不太會相撞。

而動力學獎的研究是來自京都工藝纖維大學的村上久的研究團隊。該研究提到在狹窄的通路上，各 27 人的兩個集團往相對方向朝著彼此步行時，其中一方集團的三人一邊解著智慧型手機上的計算問題一邊行走。結果不只有因為解計算問題而對周圍的注意力分散的三位行人，連同集團的人、還有迎面而來的另一方集團的人也都陷入了混亂，沒辦法好好跟其他人

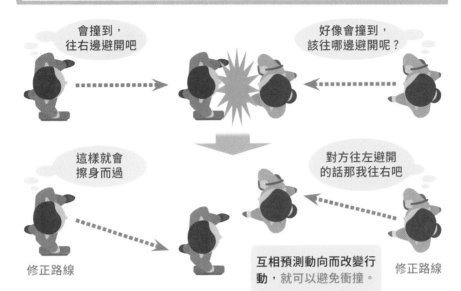

會撞到，
往右邊避開吧

好像會撞到，
該往哪邊避開呢？

這樣就會
擦身而過

對方往左避開
的話那我往右吧

修正路線

互相預測動向而改變行
動，就可以避免衝撞。

修正路線

擦身而過。該研究的重點是在混雜狀態下，只要出現操作智慧型手機等而沒有好好觀察周圍狀況的人，人類就會無法解讀彼此的動向，讓相撞的可能性提升。

也就是說，這兩個研究都發現「互相解讀動向，並基於預測而做出相對行動，決定走路方向及速度」很重要。在日本稱人們之間即使不交談，也能達成一致的時機跟節奏為「阿吽的呼吸」（阿吽の呼吸），而行人之間的動向正是這種情況。

⇩ 檢證結果 ⇩

人們會互相解讀動向
而迴避衝撞

參考文獻 Mutual anticipation can contribute to self-organization in human crowds
Physics-based modeling and data representation of pairwise interactions

97

電子書會讓
閱讀能力下降？

近年來因為電子書的普及，在手機或平板等電子裝置上閱讀書籍及新聞的機會增加了，雖然根據之前的研究，「電子書會讓閱讀能力降低」，但原因卻不清楚。

為了找出原因，昭和大學醫學部的本間元康等人的研究團隊進行實驗，本間等人關注和認知功能及表現有關的「視覺環境」及「呼吸模式」這兩個原因。對此利用「近紅外光譜分析技術」（Near Infrared Spectroscopy ,NIRS）記錄受試者的前額葉活動，並裝設「呼吸監控儀」來測定呼吸，同時進行閱讀測驗。

該測驗所使用的是從村上春樹的小說摘錄出的文章，不論是在智慧型手機還是紙本，閱讀的內容都相同，受試者為34名大學生（平均年齡20.8歲，男性14人、女性20人），在閱讀電子書及紙本兩種模式的文章後，詢問關於內容的10個問題。

結果是不管使用哪種文章，閱讀紙本的閱讀測驗分數都比較高。跟之前「在電子裝置上閱讀會讓閱讀能力下降」的研究結果一致。

而閱讀紙本的一方會引發更多的深呼吸（一次呼吸的深度是平常呼吸的兩倍，則定義為深呼吸），過去的研究指出，如果大腦的認知負擔較高，就會造成深呼吸的次數增加，因為要恢復大腦的功能。

讓34名大學生使用紙本或智慧型手機閱讀同樣內容、同樣文字大小的文章,再詢問跟內容有關的問題。

用智慧型手機閱讀的組別,「閱讀能力」明顯比閱讀紙本的差。

觀察讀書時的呼吸狀態及大腦活動,發現用智慧型手機讀書,左側的「前額葉」會相當活躍,並使深呼吸減少。

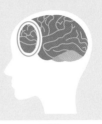

深呼吸減少導致前額葉過度活躍,被認為是造成用智慧型手機讀書的閱讀能力降低的原因。

另外,無論使用什麼媒介,讀書時的前額葉活動都會更活躍,但看智慧型手機時會更加活躍而變成「過度活躍」狀態。研究團隊推測這個影響導致「深呼吸次數減少,讓大腦功能沒有恢復,使得閱讀測驗能力下降」。主導研究的本間提議,可以在閱讀電子書時深呼吸,讓大腦功能恢復,或許可以防止閱讀能力降低。

⇩ 檢證結果 ⇩
用3C產品讀書會讓大腦過度活躍,而使閱讀能力降低。

參考文獻 Reading on a smartphone affects sigh generation, brain activity, and comprehension

關鍵字 月經、週期、費洛蒙、犁鼻器

共同生活的女性，
月經週期也會同步？

　　雖然還沒有定論，但經常聽到「只要有人打呵欠，周圍的人也會被連帶影響而打起呵欠」這種說法。那麼「好幾位女性一同生活，月經週期會開始同步」的說法你相信嗎？美國學生瑪莎·麥克林托克（Martha McClintock）很認真研究了這個問題而受到矚目。

　　當時就讀衛斯理學院三年級的瑪莎獲得同年級女子宿舍135名學生的同意後，從次年度開始記錄月經週期，同時也記錄她們經常和誰在一起、最近是否見過男性等問題，取得了一年份的數據。她發現剛開始散布在各時間點的月經週期會漸漸發生變化，九個月後有高機率月經週期會同步。特別是跟要好的朋友或是同性情侶間會有這個傾向，其後瑪莎持續研究月經週期同期化，結論是汗中的化學傳達物質（費洛蒙等）會造成影響。這就稱為「麥克林托克效應」（McClintock Effect）或是「宿舍效果」，被認為是月經週期同步的原因。但是近年研究也有指出同住跟不同住的女性也可能會月經同步，剛好重疊的機率差不多的反證，並懷疑其真實性。

⬇ 檢證結果 ⬇

至今都認為費洛蒙會讓月經週期同步，
但近年來遭到否定

參考文獻 Menstrual Synchrony and Suppression.

關鍵字 醫學、生理時鐘

晚上受的傷
會比較難治好？

即使受傷程度跟部位一樣，受傷的時間點會讓痊癒所需的時間產生差異。雖然是很難相信的說法，但英國劍橋大學的研究團隊用科學方式證明了這個假說。

人類的身體一般有稱為「生理時鐘」的生理循環。早上會醒來，晚上會想睡覺，這就是生理時鐘的其中一個功能。人類的各種生理機能幾乎以一天為週期，而研究團隊著眼於生理時鐘，並調查不同時間點受傷，傷口的恢復功能會如何變化。

團隊培養皮膚細胞「纖維母細胞」（fibroblast）並使之受傷後，分別在白天跟晚上觀察各自的修復速度，發現晚上纖維母細胞的反應速度會變慢，傷口治療也會變慢。使用老鼠進行實驗的結果也一樣，白天活動時間受傷的老鼠會比較快恢復。另外，無論是哪個實驗都發現，只是開燈或關燈就會影響纖維母細胞的反應速度。所以可以期待將來出現能讓傷口快點治好的新方法。不久的將來，或許會進入類似日光浴的機器來治療傷口也說不定。

⇩ 檢證結果 ⇩
晚上睡覺時間
傷口恢復會比較慢

參考文獻 Circadian actin dynamics drive rhythmic fibroblast mobilization during wound healing

中年時如果睡眠時間短，就會容易提升失智的風險？

失智症在日本是很嚴重的社會問題，但失智症並不是病名，而是指記憶障礙、語言及行動功能有問題、一般生活也有問題的各種狀態的症候群。2020年日本失智症患者約有602萬人，65歲以上每6人就有1人患病。而失智症患者會增加這麼多，原因之一就是「中年時的睡眠時間長短」。

倫敦大學以英國的7959名男女的健康調查數據為根本，調查某機構的中高年齡（50、60、70歲）的睡眠時間，發現50、60歲時如果睡眠時間少到不足6小時的話，失智症發病的風險較高。另外，中高年時如果持續睡眠時間不足的生活，不只會發生心血管、代謝疾病（如動脈硬化及腦中風、心肌梗塞、第二型糖尿病等）以及精神問題（心靈健康），失智症的罹患風險也會提高30％。數據本身雖然有點舊了，但就算不論人種和生活習慣的差別，至少也可以說失智症和睡眠時間少有關。如果不想帶給家人困擾、直到晚年都希望能健康有精神地生活，最好是檢視日常的睡眠比較好。

⇩ 檢證結果 ⇩

中年期睡眠時間短的人，失智症罹病風險會提升。

參考文獻 Sleep duration in middle age associated with dementia risk

關鍵字 **醫學、健康、免疫**

帥哥或美女的免疫力也比較好？

　　用外表看人，也就是外貌協會雖然會助長歧視或偏見，過去也造成社會問題。但是一方面，與生俱來就有好看外貌的人，光這樣就是「人生勝利組」或「過著簡單模式人生」也是事實。可以說這是從古代清少納言寫出《枕草子》，或紫式部寫出《源氏物語》的時代開始就默默存在的現象。最近的研究發現，帥哥、美女在免疫學領域也是贏家。

　　美國德州基督教大學的研究發現，被認為五官有魅力的人，血液中的白血球的吞噬作用（擁有會吃掉細菌等功用）更加活躍。另外，在統計上異性認為有魅力的臉，數據顯示男性體內會攻擊癌細胞或病毒感染細胞的「自然殺手細胞」（NK細胞）數量較多，女性血液中抵禦血漿內細菌的防禦能力也較高。也就是說，擁有有魅力的臉，無論男女的免疫力都更好。

　　人類會被美麗的容貌吸引並憧憬，或許不只是外表的美，也是受到想要留下擁有更優秀免疫力的子孫的「種族本能」影響也說不定。

⇩ 檢證結果 ⇩
確認了有魅力的臉
跟免疫能力好有關聯

參考文獻 More than just a pretty face? The relationship between immune function and perceived facial attractiveness

關鍵字　**醫學、健康**

重訓也會降低罹患癌症和糖尿病風險？

　　近年來因為健康受到重視，也有許多人開始挑戰輕鬆的運動。其中，重訓很受到歡迎，日本進行重訓的人從2006年的862萬人以來不斷增加，到2018年已經有1566萬人，也就是增加了2倍。對喜歡重訓的人來說有一個好消息，最近研究發現，重訓不只是能鍛鍊肌肉，也能降低疾病和死亡風險。

　　比較18歲以上進行重訓及不做重訓的1252名成年男女，各自發生心血管疾病、癌症、糖尿病的機率及總死亡率（無論死因），結果是進行重訓的人所有的風險都會低上10％～17％。另外總死亡率、癌症、心血管疾病的發病率，只要每週進行30～60分重訓的人風險就會降低，相反地，如果每週超過130～140分的話，風險反而會上升。如果是以超健美體型為目標的人，也要注意不要太過頭。

　　重訓很重要，但是不要勉強自己，以不會過強的負擔下每天進行5分鐘為目標持續重訓吧。快的人只要3個月就可以看出成果差別了才對。肌肉不會背叛持續努力的人！

⇩ 檢證結果 ⇩

每週進行30～60分重訓，會讓死亡、疾病風險降低。

參考文獻 Muscle-strengthening activities are associated with lower risk and mortality in major non-communicable diseases: a systematic review and meta-analysis of cohort studies

關鍵字 醫學、健康

肥胖會讓牙周病惡化？

　　光是肥胖就會增加許多健康風險。像是眾所皆知的糖尿病、高血壓、痛風、脂肪肝、心肌梗塞等病症，光是舉例就不勝枚舉，說是疾病的百貨公司也不為過。雖然不是想恐嚇肥胖的人，但是根據最新研究，在清單上追加了肥胖和牙周病的關聯性。

　　實際上，以前就有人提出肥胖跟牙周病的關係，但不知道相關機制是什麼。於是，日本新瀉大學和理化學研究所的研究團隊決定解開這個謎。首先是確認肥胖和牙周病的關係，在經過抗生物質消除腸內細菌的老鼠身上，移植肥胖老鼠和普通老鼠的腸內細菌。然後再將老鼠分成兩個集團，並以人為方式誘發出牙周病。結果和普通老鼠相比，肥胖老鼠的牙周病更容易變成重症。另外，調查移植來源的肥胖老鼠的糞便也發現，嘌呤的代謝迴路更加活化。也就是說，有可能肥胖者的腸內細菌會讓血中的尿酸值上升，讓牙周病重病化。

　　之後研究如果持續發展，或許會介入腸內環境研究，發明出控制牙周病的益生菌食品，或是營養補充品也說不定。

⇩ 檢證結果 ⇩
肥胖會讓牙周病惡化是真的，期待未來的相關研究！

參考文獻 Obesity-Related Gut Microbiota Aggravates Alveolar Bone Destruction in Experimental Periodontitis through Elevation of Uric Acid

關鍵字　**教育、認知科學、遊戲**

動作遊戲可以提高小孩的閱讀能力？

如果說「比起讀書，玩遊戲更可以提升閱讀能力」，很多人或許不會相信，但這是真的，而且效果還是好幾倍。義大利特倫托大學的研究者發表了這個驚人的成果。

人類使用文字大約是從5000年前開始，以推測可能有500萬年的人類歷史來看，還是很近期的事。即使如此，人類因為擁有記憶力、理解能力和注意力等，所以可以閱讀文字、享受故事。雖然這些能力組合起來才有辦法讀書，但實際上玩遊戲也使用了一樣的能力。

研究團隊的實驗中，A團隊的小孩遊玩團隊所開發的學習電腦程式遊戲，B團隊的小孩則玩團隊所開發的動作遊戲，各自每週玩兩小時，共12小時。實驗後進行閱讀測驗並比較結果，發現B團體的注意控制能力提升7倍以上，閱讀速度和精準度都大幅提高。之後的追蹤調查也發現效果能夠持續。

遊戲毫無疑問可以提升小孩的閱讀能力，但能學到什麼或吸收什麼也很重要，所以也別忘了透過許多的書本獲得知識、培養出興趣及表現能力。

⇩ **檢證結果** ⇩
動作遊戲可以提高閱讀能力，而且效果能夠持續。

參考文獻 Enhancing reading skills through a video game mixing action mechanics and cognitive training

第3章

跟動物有關的
實驗&研究

沒有天敵的烏托邦
會讓生物絕種？

　　每天吃喜歡的東西、沒有會襲擊自己的天敵，讓老鼠生活在這種烏托邦裡會如何呢？

　　一般應該認為老鼠會不斷繁殖，然後像老鼠會那樣不斷增殖吧。實際上，把老鼠放入這樣的環境中以後，一開始確實很順利地增加老鼠數量，一年後增加了一倍，但是之後老鼠的死亡率大幅攀升，個體數也減少了，16個月後竟然接近滅絕。明明給了充足飼料，也不用擔心被襲擊而死亡，看起來好像沒有任何問題，為什麼會這樣呢？

　　「無關環境是否理想，不到兩年老鼠們就面臨絕種危機」這個衝擊的事實是由1960年代美國動物行為學家約翰・邦帕斯・卡爾宏（John Bumpass Calhoun）的實驗所證明。卡爾宏原本就是研究老鼠，他過去飼養時發現，雖然生產率上升，但整體鼠群數量並未增加。而原因是小老鼠的死亡率很高，他為了了解為什麼會有這種現象，所以才進行了以下的飼育實驗。

　　首先，他準備可養80隻老鼠的巨大飼養箱，將內部分成四個房間，各房間裡放入公母各4隻的老鼠，共計32隻，並在各房間裡放入飼料區和飲水區，定期補上充足的份量，所以沒有缺乏糧食的危機。另外，各房間不是完全獨立，如右圖那樣有三條路連結各個房間，老鼠可以自由往來。卡爾宏準備了共三個這樣的飼養箱，觀察老鼠們的生活。

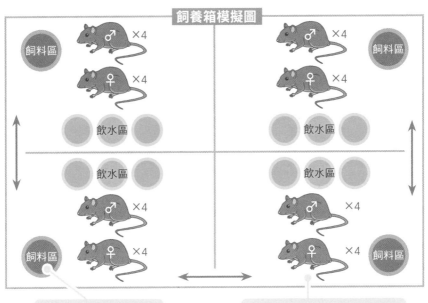

飼養箱模擬圖

飼料區　♂×4　♀×4　飲水區

飼料區　♂×4　♀×4　飲水區

飲水區　飲水區

飼料區　♂×4　♀×4

♂×4　♀×4　飼料區

各房間都設有飼料區和
飲水區

每個房間都放入4隻公老鼠、
4隻母老鼠，共8隻老鼠

　　結果每個飼養箱在頭12個月內，老鼠的數量都倍增，成
年老鼠的數量達到80隻，為了不過度密集，所以當老鼠總數
超過80隻後，卡爾宏就會把生下的小老鼠移出到飼養箱外。
如果沒有其他問題，那老鼠數量應該可以永遠維持80隻才
對。然而持續一段時間後，老鼠的數量卻開始減少。

　　原因之一是階級社會誕生了。如前所述，飼養箱中被區分
出四個房間，結果開始出現由一族佔據整個房間的族群，該族
群是由和其他公老鼠鬥爭中獲勝的老鼠所支配，並由首領和圍
繞首領的母鼠及其子孫，以及防止其他老鼠入侵的保全成員所
組成。

　　該族群在廣大的空間裡舒服生活，另一方面，被趕出該房
間的老鼠聚集在剩下的房間裡，在密集狀態下完全沒辦法有餘

裕地生活。如果要比喻的話，就是在寬廣的豪宅中生活的富裕階級，及在惡劣環境下生活的貧民階級。根據不同飼養箱的狀況，還有著一族佔據兩房間，另一族佔據了一個房間，然後剩下老鼠共享一個房間的超級密集生活的例子。

這種情況持續下去後，過度密集的房間中，母鼠跟幼鼠的死亡率就急速上升，母鼠的築巢本能無法完全發揮，放棄育兒的母鼠也增加，結果過度密集的房間裡誕生的小老鼠，有96％在還沒斷奶前就死亡了。然後公老鼠身上也有一些異常舉動，卡爾宏將這些公老鼠分成三種類型。

首先，有想和社會斷絕關聯的類型，這些公老鼠幾乎會窩居起來不出房間，也不會和其他老鼠一起享用餌料。牠們離巢活動的時間就是在大家睡覺的時候，也是在那個時候進食。另外，牠們看起來對母鼠也沒興趣，不想跟任何老鼠有關係，可以說是繭居族的老鼠。

再來，第二種類型是求愛狂，該類型不管對象是公是母、甚至對幼鼠也會瘋狂求愛，在人類社會中完全就是罪犯，但因為性格穩定，所以幾乎不會挑起紛爭。

第三種是無視規則的精神病類型，這類公鼠會執著地追求母鼠，因強制求愛而帶有追蹤狂的感覺，甚至連死去的幼鼠屍體都會吃。行動上完全就是瘋狂狀態，而因為這種公鼠出現，所以飼養箱中的病態社會已經根深柢固。

雖然飼育實驗只經過16個月，但母鼠跟幼鼠的高死亡率，導致母鼠的母性本能喪失、異常行為的公鼠增加，這些要素重疊的結果，最後飼養箱留下的老鼠數量竟然只剩8隻。老鼠們應該住在很自由的環境中，但最後沒有成為幸福的烏托邦，而是變成黑暗的反烏托邦。

老鼠順利繁衍子嗣，過了12個月後倍增到80隻以上

但是此時發生了異變……

- 出現社會階層制度，出現佔領房間的家族，其他老鼠被趕到其他房間並過著高度密集的生活。
- 社會底層的房間無法育兒的母鼠增加，幼鼠死亡率上升到96%。
- 出現有「跟蹤狂」「繭居族」「吃同類」等異常行為的公鼠。懷孕率及生產率都急劇下降。

老鼠數量開始減少

16個月後只剩下8隻老鼠活下來

　　卡爾宏觀察這個實驗中各種老鼠的變化後，命名為「行為沉淪」（behavioral sink）。也就是比起1隻老鼠支配的富裕階層的房間，處於密集狀態的老鼠行為沉淪得更加顯著，結論是密集狀態導致了這種疾病狀態。

　　卡爾宏的研究顯示近年來世界人口爆發成長和貧富差距拉大的問題，有人認為這也對我們人類發出了警鐘。另一方面，我們擁有問題發生時可以想辦法解決的智慧，希望人類不會發生跟老鼠一樣的命運。

⇩ **檢證結果** ⇩

充裕的物質或許
會讓生物滅絕也說不定

參考文獻 Population density and social pathology
Death Squared: The Explosive Growth and Demise of a Mouse Population

就算發生核戰爭，蟑螂也能活下去是真的嗎？

經常聽到「即使發生核戰爭、人類滅絕，只有蟑螂會活下去」的說法。確實常聽到蟑螂對殺蟲劑漸漸開始可以免疫，或是「看到1隻就有30隻存在」等繁殖力很強的說法，好像不管是多麼嚴峻的環境，牠們都能適應並活下去似的。

但是蟑螂對放射線真的有這麼強的耐性嗎？實際上1959年美國麻薩諸塞州的後勤研究工學中心對蟑螂照射了放射線，測試牠們有多大承受力。結果發現人類大概承受10Gy就會100％死亡，而蟑螂的承受力竟然是40倍，直到400Gy都還能繼續生存。果然蟑螂比人類更壓倒性能對抗輻射。

但是如果要說人類滅絕後，蟑螂依舊能繼續在地球上生存，其實則不然。不如說，當蟑螂跟人類一樣面臨致死量的10Gy之後，就會患上無精症。也就是說活下去也無法繁殖，最終應該仍是會滅絕。

但是取代蟑螂，在世界發生核戰爭後繼承地球的會是什麼生物呢？像是寄生蜂的其中一種「小繭蜂」可以活到1800Gy。而在宇宙空間也能生存，相當能忍耐所有環境而被稱為「最強生物」的水熊蟲，則對放射線有4000Gy之高的耐性。只是地球上還有比水熊蟲更厲害的「輻射抗性之王」——那就是細菌。細菌中有許多具有很高輻射抗性的品種，如94頁介紹的高度抗輻射奇異球菌，即使照射15000Gy也有37％

最強幅射抗性的生物排行

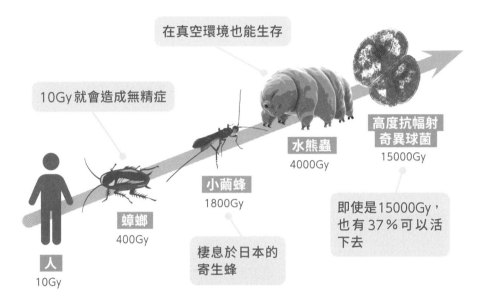

在真空環境也能生存

10Gy 就會造成無精症

水熊蟲
4000Gy

高度抗幅射奇異球菌
15000Gy

小繭蜂
1800Gy

即使是15000Gy，也有37%可以活下去

蟑螂
400Gy

棲息於日本的寄生蜂

人
10Gy

可以存活。牠們抗性高的原因是擁有極強的基因修復機制，一般生物如果沐浴在放射線之下，DNA就會被破壞而死亡，但該細菌被認為可以在12～24小時內就修復DNA。可以說核戰爭中的最強生存者不是蟑螂，而是細菌吧。

⇩ 檢證結果 ⇩
即使核戰爭導致世界末日，細菌也會活下去。

參考文獻 Extended Structure of Pleiotropic DNA Repair-Promoting Protein PprA from Deinococcus radiodurans

關鍵字 生物學、演化心理學、鏡子測試

動物能發現鏡中的是自己嗎？

　　人類嬰兒在出生後18個月至24個月時，就能發現鏡中的人是自己了。但是人類以外的動物能發現這件事嗎？測試的方法就是知名的「鏡子測試」。這是1970年心理學家戈登·蓋洛普（Gordon G. Gallup）所發想的實驗，也就是在動物的額頭等自己看不到的地方印下印記，然後讓牠看鏡子。人類要是看到自己的額頭上有印記，會因為驚訝而忍不住觸碰該處，因此如果動物們也「知道鏡中的是自己」，應該會跟人類一樣觸碰同樣位置，或是關注該地方才對。

　　這個鏡子測試一開始測試的是黑猩猩，根據蓋洛普的研究，首先，他麻醉了黑猩猩，並在眉毛或耳垂上塗下紅色顏料，之後讓牠們看鏡子時，發現黑猩猩和人類一樣會觸摸同樣部位，同時，從牠觀看自己的嘴巴內部、仔細檢查性器等行動，可以證實黑猩猩完全知道鏡中的是自己。

　　另外，像是海豚也以高等智慧聞名，如果在水槽裡放鏡子，牠也會在鏡前表演倒立、噴出泡泡來玩，可以看到海豚平常不會有的行動，應該也知道鏡中的是自己。其他像紅毛猩猩或大象等動物也都通過了鏡子測試，但大多數的動物都失敗了，看來「知道鏡中的是自己」對動物來說很困難。

　　另一方面，有個意外的生物通過了鏡子測試，那就是名為「裂唇魚」的魚。根據大阪市立大學的研究，如果在裂唇魚的

喉嚨標上印記，看到鏡子的裂唇魚會用附近的東西的表面把印記擦掉，然後會回到鏡前確認印記是否不見了。沒有鏡子的情況下，即使標上印記，裂唇魚也不會擦掉。所以研究團隊的結論是「裂唇魚有知道鏡中的是自己的可能性」。一般來說，會認為鏡子測試的合格與否代表智慧的高低，但看來結果也未必真是如此。

⇩ 檢證結果 ⇩

除了部分動物，
多數動物都無法理解。

參考文獻 If a fish can pass the mark test, what are the implications for consciousness and self-awareness testing in animals?

關鍵字 生物學、醫學

當動物只剩下頭部時，還能存活嗎？

2015年義大利的塞爾吉奧・卡納維羅（Sergio Canavero）醫師因發表要進行某個手術，而造成廣大注目。該手術打算切斷人類的頭並接到其他人的身體上，也就是人類之間的頭部移植手術。

要接受這前所未聞的手術的是患上脊髓性肌肉萎縮症，而只能在輪椅上過活的俄羅斯男性患者，他們計畫利用剛死後的其他患者的身體，並在2018年進行手術。然而切下人類頭部替換是真的做得到的嗎？

其實過去就有過切斷頭部的研究，1920年蘇聯科學家謝爾蓋・布留霍年科將切斷的狗頭接上人工心肺裝置，成功使之存活3小時以上。連結管子的狗頭會對光或聲音有反應，也就是維持了意識，所以事實上即使只剩下頭也可以活下去。

當然狗可能可以，但人未必如此，要把頭部移植到其他身體上，和透過人工心肺裝置短時間內強制讓生物生存的困難度完全不同。當然卡納維羅的頭部移植手術因為風險跟倫理兩方面的問題，最終醫學界及教會都強烈譴責，他也被長年工作的杜林的醫院解雇。

即使如此，卡納維羅還是有強烈想要執行頭部移植手術的意志，所以在中國哈爾濱工業大學及哈爾濱醫科大學的支援下，2017年他進行了鼠類的頭部移植手術，接著利用腦死的

遺體來進行頭部移植，逐漸準備進行正式手術。

　　那麼世上首次的頭部移植手術成功了嗎？結論是該手術因為俄羅斯人取消而中止，取消理由是「因為結婚而且有小孩了」，看來比起冒著死亡風險進行手術，他選擇了即使身體不能動，也想跟妻小一起生活下去。

　　世界首創的頭部移植手術化為了白紙，但為了心愛的人而中止手術的俄羅斯男士的判斷，或許更為聰明也說不定吧？

⇩ 檢證結果 ⇩

生物只有頭部時，
姑且可以存活短暫時間。

參考文獻 A cross-circulated bicephalic model of head transplantation

人類和猴子
誰更有道德感？

　　如果被問到「人類和猴子誰更有道德感？」的問題，或許多數人都會認為「應該是人吧」，但是猴子也有體貼夥伴的道德感。

　　例如，芝加哥的研究者們在 1964 年對恆河猴進行了以下的實驗。首先，他們把籠子分成兩部分，一邊放入恆河猴，並讓牠學會只要拉下鏈子就會有食物。恆河猴充分理解了鏈子跟食物的關係後，研究人員在隔壁的房間放入其他恆河猴。想要食物的恆河猴像平常一樣拉下鏈子，但這次不只拿到食物，隔壁的恆河猴也遭到了電擊。也就是說，拉下鎖鏈後，雖然自己可以拿到食物，但隔壁的猴子會承受痛苦。那麼這種情況下，恆河猴會有怎樣的行動呢？想要食物就要繼續拉鏈子，還是即使自己挨餓，也要為了夥伴而停止拉呢？

　　結果是看到隔壁同伴痛苦的樣子後，參加實驗的 15 隻猴子中有 10 隻不再拉動鎖鏈，拉的頻率也明顯降低。特別是如果自己也遭受過電擊的恆河猴更是如此，其中還有忍受了 12 天飢餓，12 天都沒有再拉過鏈子的案例。當然，15 隻中還是有 5 隻不管隔壁的情況持續拉動鏈子，跟人類一樣，猴子也有各種性格的個體。

　　但是恆河猴之中，多數比起食慾選擇了不讓其他夥伴感到痛苦；另外，另一種實驗也確認老鼠的情況。一開始給了老鼠

拉下鎖鏈就會有食物

隔壁的猴子只要拉下鏈子就會被電擊

嗚吱——！

看到隔壁猴子受苦的樣子，15隻中有10隻猴子不再拉動鏈子。

甜點心和普通點心兩種不同拉把，讓老鼠記住，然後如果拉下老鼠喜歡的甜食拉把，隔壁的老鼠就會被輕微電擊。結果老鼠會停止按下至今為止都偏愛的拉把，而改按其他拉把。

如果對人類進行同樣實驗，我們會留下跟恆河猴或老鼠一樣優秀的成績嗎？希望不會發現結果是動物遠比人類更有道德感呢。

⇩ **檢證結果** ⇩

不要説猴子，
人類中還有比老鼠更惡劣的人。

參考文獻 "Altruistic" behavior in rhesus monkeys.

養狗比養貓
對小孩有更好影響？

　　經常會聽到「兒時如果養過寵物，會產生照顧他人的責任感，也會學會生命的可貴」這種說法。養動物雖然很辛苦，但是如果擁有寵物這樣的家人，對小孩子可能會有更棒的好處。2020年的研究結果顯示，養狗可以改善青春期的小孩的心理健康。

　　這是由麻布大學及東京都醫學綜合研究所的團隊，對2584名小孩進行的調查，調查對象的精神健康測試的指標是世界衛生組織（WHO）的「Well-being」量表，指標針對「身體、精神、社會面的良好程度」來判斷，要受試者回答幾個問題。回答會分成5～0分的分數，合計分數愈高精神健康狀態就愈佳。

　　Well-being的分數一般會以剛好進入青春期的10歲左右小孩為界，開始逐漸下降，但養狗的小孩和沒有養寵物的小孩，經過10歲及12歲時的Well-being量表調查後，會發現養狗的孩子比不養狗的孩子Well-being的下降幅度更少。另外，也有調查不是養狗而是養貓的人，結果是沒看見Well-being的改善。雖然養貓的人可能無法接受，但看來為了小孩的心理健康，比起貓，養狗更有效果。

　　雖然還不知道為什麼狗會有這樣的效果，但同樣是麻布大學的研究發現，狗會感覺到飼主的壓力，並且擁有共感的能

WHO Wellbeing

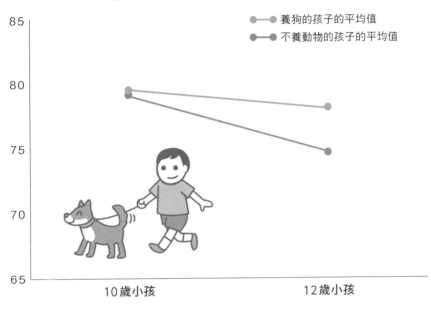

85 ━━━

●━━● 養狗的孩子的平均值
●━━● 不養動物的孩子的平均值

80 ━━━

75 ━━━

70 ━━━

65 ━━━

10歲小孩   12歲小孩

力。他們讓34對飼主跟愛犬雙方都裝上心率感測器,觀察飼主放鬆或感到壓力時,附近愛犬的心跳數會如何變化。結果一部分的飼主跟愛犬的心跳數會產生相同變化,也就是如果飼主感受到壓力,愛犬也會感受到壓力,放鬆時也一樣放鬆。

　　或許養狗的孩子的心理健康改善,就是因為狗這種「共感力」,讓小孩低落的時候,愛犬也能自然地給予安慰的關係。

⇩ 檢證結果 ⇩

多數情況下,養狗的孩子比起養貓的孩子,心理健康更良好。

參考文獻 Dog and Cat Ownership Predicts Adolescents' Mental Well-Being: A Population-Based Longitudinal Study

關鍵字　生物學、寵物、救助實驗

飼主發生危機時，愛犬會來救嗎？

　　當暴徒襲擊時會守護主人的獵犬，還有為了保護盲人飼主而跑到公車前的導盲犬等，許多時候狗會為人類做出犧牲行為，讓我們很感動。另一方面，也有人認為那是被訓練過的狗才能做到的事，普通狗不會這麼做，而是會飛快逃走或是旁觀。但是會不會有人覺得，普通的狗也會想幫助飼主呢？

　　亞利桑那州立大學的研究團隊想檢證這個疑問，於是使用未接受過特殊訓練的60隻家犬進行實驗。首先，讓飼主進入房間裡的大箱子，接著把愛犬帶入房間。設定上是飼主被關進箱子裡，發出「救我！」的聲音。箱子上有狗也能推動的門，只要打開門就能成功救出主人。接著，團隊調查狗是否會自動自發地想幫助飼主，所以設定上是求救時不能叫愛犬的名字。如果叫名字的話，或許有不是自發性、而是被命令才開門的可能性。

　　結果是60隻狗中有20隻會打開門救出飼主。剛好是1/3的成功率，那沒開門的40隻狗，莫非沒有救飼主的想法嗎？

　　研究團隊為了比較而進行「讓愛犬看到在箱中放入食物」的畫面，結果，能開門找到食物的也是60隻狗中的19隻。跟幫助主人的比例幾乎相同，所以重點可能是，即使有食物這種強烈誘惑，也只有19隻狗能打開門。如果愛犬理解到開門可以吃食物，那應該會有更多狗行動才對。但是，結果只有跟幫

飼主呼救
60隻中有20隻
打開箱子

救我——！

看到放餌的樣子
60隻中有19隻
打開箱子

飼主在箱中朗讀書
60隻中有16隻
打開箱子

很久很久
以前……

助飼主的數量相同的狗行動，這表示或許不是愛犬不關心飼主，而是即使想幫忙，卻不知道方法。實際上沒有幫助飼主的愛犬，幾乎也都沒辦法拿到食物。另外，如果是「飼主在箱子裡朗讀書」的情況下，開門的狗減少為60隻中的16隻，表示愛犬們也能明確區分飼主是不是遇到危機。

⇩ 檢證結果 ⇩
即使是旁觀飼主陷入危機的狗，或許心中也是有想幫忙的可能性。

參考文獻 Pet dogs (Canis lupus familiaris) release their trapped and distressed owners: Individual variation and evidence of emotional contagion

為什麼貓會喜歡木天蓼？

　　就像俗話說的「給貓木天蓼」（比喻很喜歡的物品，或是非常有效果的意思），大家都知道貓超喜歡木天蓼。實際上給貓木天蓼後，牠們就會用超幸福的表情，用身體磨蹭葉子然後翻滾。這稱為「木天蓼反應」，獅子和豹這些貓科動物也會有這類行為，而另一方面，為什麼貓會對木天蓼有這樣的反應，很長一段時間都沒找出原因。

　　2021年岩手大學和名古屋大學的共同研究團隊解開了這個謎團。研究團隊最初從找出有木天蓼反應的物質開始。結果意外地發現，過去研究雖然都指出木天蓼含有的阿根廷蟻素（Iridomyrmecin）或異阿根廷蟻素（Isoiridomyrmecin）等四種物質（這四種物質總稱為「木天蓼內酯」），是造成木天蓼反應的原因，但調查結果發現木天蓼幾乎沒有木天蓼內酯這四種物質。也就是沒有引發木天蓼反應的效果。

　　接著再分離木天蓼葉的成份後一一給貓，結果貓對Nepetalactol這種物質會產生木天蓼反應。這是顛覆過去假說的新事實。而且調查貓的血中濃度的結果，發現木天蓼反應中的貓咪體內，產生幸福感的神經 μ 鴉片受體會活化，貓會對木天蓼這麼陶醉，是因為實際上感受到了幸福。

　　但是，多數的貓只是因為沉浸在幸福感而發生木天蓼反應嗎？實際上，木天蓼中在生物學中是否扮演重要角色呢？於

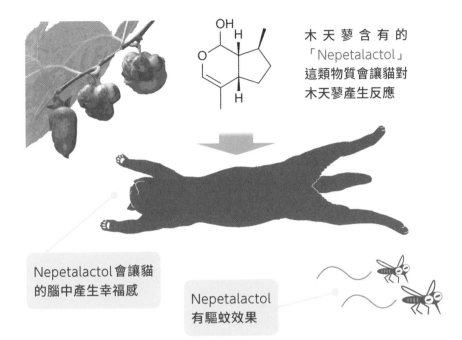

木天蓼含有的「Nepetalactol」這類物質會讓貓對木天蓼產生反應

Nepetalactol會讓貓的腦中產生幸福感

Nepetalactol有驅蚊效果

是，研究團隊再進一步分析引發木天蓼反應的Nepetalactol。然後發現這個物質有驅蚊的效果，也就是說，或許貓咪為了不被蚊子叮咬的動物本能而產生木天蓼反應的生物現象。

　　但是，只是不想被蚊子叮咬，為什麼狗或其他動物沒有反應，只有貓科動物有這種特性呢？這點還不清楚。這次的研究只揭曉了一部分貓跟木天蓼之間的關係，要完全解開這謎團，還有待未來的研究。

⇩ 檢證結果 ⇩

有可能是為了避開蚊子而喜歡上木天蓼

參考文獻 The characteristic response of domestic cats to plant iridoids allows them to gain chemical defense against mosquitoes

關鍵字 生物學、昆蟲學

身體的哪個部位被蜜蜂螫到最痛？

世界上有很多「到底為什麼要調查這個」的研究，而最極致大概就是「身體的哪個部位被蜜蜂螫到會最痛」這一項研究了吧！

這研究是由美國康乃爾大學的研究所學生麥可·史密斯（Michael Smith）發想，他在大學進行蜜蜂及螞蟻相關研究，某天他突然對「被蜜蜂螫哪裡最痛呢？」這問題產生興趣，然後決定讓蜜蜂螫身體各處，並對痛感評分，用這種超乎想像的方法來調查最痛的部位。

研究流程相當認真，首先他用鑷子夾住蜜蜂，將牠刺向定為「標準痛」的前臂。再來把要測定痛度的部位遞向蜜蜂，被螫後一分鐘內不退開，這個時候再對痛的程度以10分來給分。實驗的最後再一次刺向手臂來確認跟測定部位之間的差別，有必要的話就修正評分。他經過38天後，在身體25個部位各刺了3次，最終給出每個部位的痛度。

結論是他認為被螫到後感覺最痛的部位是鼻子，獲得9分的高分。這個痛似乎非比尋常，評語是不只有被刺傷的鼻子，而是「全身都感到痛」。

另外，第二名是8.7分的「上嘴唇」，第3名是7.3分的「生殖器」。這些都是很敏感的部位，可以輕鬆想像被螫可不能簡單了事，而鼻子的痛竟然超過這些，想必是相當可怕。如

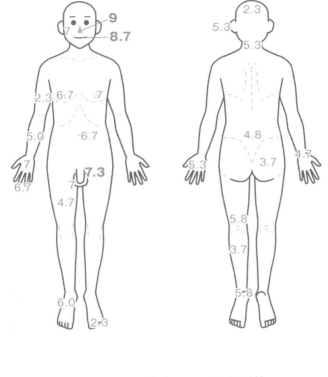

果被蜜蜂襲擊的話，首先保護鼻子是很重要的。

　　但就算是為了研究，每天被蜜蜂螫只是「因為有興趣」，恐怕一般人也不能辦到這些事吧。他的熱情到底從何而來，比起研究結果，這更讓人感到好奇。是因為求知慾一旦被點燃後就停不下來的學者天性嗎？至少可以知道一般人是做不到這樣的研究的。

⇩ 檢證結果 ⇩

鼻子被螫是最痛的

參考文獻 Honey bee sting pain index by body location

老鼠有幫助同伴的心嗎？

　　人類有時候即使沒有回報也會幫助有困擾的人，看到遭遇到不合理對待的人也會一同感到憤怒。這些人看到不認識的人也能感受到他的心情，彷彿自己的事一樣，也就是能對他人共感。

　　但是這樣的共感力可不只是人類獨有，老鼠實際上也有這樣的共感能力，這是來自芝加哥大學的研究。

　　實驗首先讓30隻老鼠兩兩配對，每一對都放入同一個籠子中共同生活兩週。之後，讓其中一隻關進監禁裝置中，而讓另一隻能夠自由活動，監禁裝置設有門的機關，老鼠只要施加相當力量就能打開，那麼在這種狀態下，自由的老鼠會怎麼做呢？

　　結果讓人驚訝，竟然幾乎所有老鼠都在3～7天以內找出打開門的方法，救出另一隻老鼠。而且發現開門方法的老鼠，不管另一隻老鼠被關幾次，也都一定會去打開門。為什麼老鼠會選擇幫另一隻老鼠呢？該不會只是一起生活兩週，老鼠之間就萌生了友情，引發這樣的行動？為了檢證，研究者們接下來換了其他老鼠進行同樣的實驗，發現即使不是夥伴被監禁，老鼠們也會採取一樣的行動。也就是說，老鼠和人類一樣，「就算不認識，也會幫助困擾的老鼠」。

　　最後研究者在籠子裡放入老鼠最喜歡的大量巧克力片，再

自由活動的老鼠

！

最喜歡的巧克力

啾啾啾
（救我——！！）

被關的老鼠

如果老鼠看到同伴被關，比起眼前最愛的巧克力，會優先去救出夥伴。

度進行同樣的實驗。這是為了測試老鼠們善意的程度，如果不救出被監禁的老鼠，牠就能獨享巧克力，一般來說，不會做出讓自己的好處減少的事，但能自由活動的老鼠還是忍住巧克力的誘惑，馬上跑去救出同伴老鼠。老鼠平均會自己吃掉巧克力的52%，剩下的給夥伴。或許老鼠比我們人類還要更愛護夥伴也說不定。

⇩ 檢證結果 ⇩

老鼠也有幫助遭受困擾的夥伴的習性

参考文獻 Empathy and Pro-Social Behavior in Rats

關鍵字 **腦科學、生物學、社會心理學**

老鼠也會感受到孤獨
而尋求同伴嗎？

　　大家最近感受到「孤獨」過嗎？就算是平常說著「一個人更輕鬆」的人，如果在無人島變成一個人，應該也會「誰都好，好想見到人」「想說說話」才對。實際上發現老鼠也有「尋求他者」的傾向。老鼠如果進入孤獨狀態，公鼠的攻擊性會增強，母鼠會憂鬱並發生卵巢癌，產生各種不良影響。人類與老鼠一樣，為了健康生活，要定期跟同伴相聚來消除孤獨。

　　那麼人或老鼠為什麼會有這種「想接觸他人」的機制呢？感到孤獨時，大腦會怎樣運作呢？

　　日本理化學研究所的研究團隊將群體生活的母鼠和同伴隔離之後，觀察牠們的大腦活動。結果被隔離的老鼠腦內的「下視丘內側視前區中央」（cMPOA）的「胰類澱粉胜肽酶」（Amylin）這種神經肽的量減少，即使讓被隔離的老鼠再度和同伴重聚，胰類澱粉胜肽酶也不會恢復到原本的量。

　　如果用人工方式減少老鼠的胰類澱粉胜肽酶，老鼠想接觸同伴的行動會隨之減少，相反地讓胰類澱粉胜肽酶活化後，即使咬破柵欄也想跟同伴接觸的行動會增加。也就是說，老鼠感受到孤獨後，想要跟同伴一起的行動是由下視丘內側視前區中央的胰類澱粉胜肽酶來控制的。

　　另外，這實驗設有單獨一隻老鼠完全從夥伴中隔離，還有隔著柵欄可以看到夥伴的情況下隔離的兩種狀況，不管哪種情

完全隔離

停著不動的情況很少，會嘗試挖掘阻隔牠的柵欄下方，或是會調查柵欄周邊。

隔著柵欄的隔離

積極看著同伴，抓住柵欄的時間增加為單獨時的5.2倍。

況，胰類澱粉胜肽酶都會在6天內降到3%。也就是說，<u>如果為了消除孤獨狀態，不只是看到樣子就好，還需要實際上的接觸</u>。實際上，隔離的老鼠和同伴重聚後，會積極嗅聞其他老鼠的氣味和觸碰，這樣一想，我們人類也是一樣，不是說身邊有很多人就不會感到孤獨。老鼠的研究是否能直接套用在人身上雖然還不清楚，但是無論人或老鼠都是不能單獨生存下去的動物。

⇩ 檢證結果 ⇩

老鼠跟人都是
不能單獨生存的動物

參考文獻 Amylin-Calcitonin receptor signaling in the medial preoptic area mediates affiliative social behaviors in female mice

鸚鵡能理解機率嗎？

鸚鵡可以聽人類講話並正確模仿音色和內容，喙和腳趾也都能使用道具或玩具，和其他鳥類相比擁有很傑出的高等智慧。實際上也有很多人對鸚鵡的這些行為感到驚訝吧。有一說，鸚鵡的智慧相當於人類4～5歲的程度，而在探討鸚鵡的智慧相關的實驗中，可以得知牠們能學會「機率」的概念。

實驗使用的是棲息在紐西蘭南島的本土種啄羊鸚鵡6隻。實驗中會放入兩個透明瓶子，內有橘色和黑色的籤，一瓶橘色較多，一瓶黑色較多。同時抽出兩支籤，然後讓鸚鵡選兩手的其中哪一手是黑色籤。重覆20次後，鸚鵡會以很難稱為偶然的高機率選中黑色。即使遮住瓶子的一部分，或是加入隔板區隔，還是有高機率選中黑色。另外，在其他實驗中，讓鸚鵡看到人類從黑色籤比較多的瓶子隨意抽的人，還有從橘色籤比較多的瓶子中翻找挑選黑色籤的人，即使瓶中的比例沒受到影響，牠們好像會選擇翻找後抽出的人。結果啄羊鸚鵡不是依賴某種特定情境，而是真的理解到狀況有變，有判斷能力。

證明鸚鵡理解力很高的還有另一個特殊的實驗。2012年有一隻名叫「費加洛」的戈芬氏鳳頭鸚鵡，將木板加工成棍子，並用來取得網子另一端的餌，讓科學家很驚訝。把費加洛使用棍子來取得餌的畫面，播映給另外6隻受試鸚鵡觀看後，6隻鸚鵡都模仿這個行為，其中2隻成功取出了餌。但是使用

給鸚鵡看中選的籤（黑色籤）更多的瓶和不中的籤（橘色籤）較多的瓶

● 黑色籤＝有點心
● 橘色籤＝不會得到任何東西

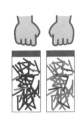

中了♪
中了♪

不讓鸚鵡看見拿到什麼，兩手從不同瓶子各抓出一支籤，讓鸚鵡選擇，對6隻鸚鵡進行20次實驗。

鸚鵡會以70%的機率選擇中籤機率高的那一邊

磁鐵來再現使用棍子的動作的組別，沒有一隻成功。

而這群成功使用棍子完成實驗的鸚鵡，接著給牠們觀看製作棍子的流程，然後給牠作為材料的木板，結果就能像費加洛的示範的一樣製作出棍子而取出餌。另一方面，從使用棍子的地方跟方式，可以看出各自的獨特性，牠們不只是學到製作方法，還能進行更容易成功的加工。

⇩ **檢證結果** ⇩

鸚鵡會看情況
選擇成功率更高的行為

參考文獻 Kea show three signatures of domain-general statistical inference
Parrots that Play the Probabilities: Evidence of Domain-General Intelligence in Kea
Parrots Are Only The Second Kind of Animal We've Found That Can Grasp Probabilities
Cockatoos can learn from each other how to make and use tools

蜜蜂如果從鏡子上飛過就會墜落？

　　人類從外界得到的資訊，有8成以上是視覺資訊。如果在遮住眼睛的情況下吃飯的話，有很多人連自己在吃什麼都不知道。那麼其他生物又是怎樣呢？法國艾克斯－馬賽大學的研究團隊對此做了很有趣的實驗。

　　研究團隊的實驗對象是蜜蜂。他們把蜜蜂放進2.2公尺長的隧道，觀察蜜蜂在內部飛行的樣子。此外，隧道的地板跟天花板都是鏡子，會把遮罩拿掉或蓋上來進行實驗。結果，「沒有鏡子」「只有天花板是鏡子」的情況下，蜜蜂都會正常飛行，但是「只有地板是鏡子」或「兩側都是鏡子」的情況下蜜蜂會開始降落，然後墜落在地。如果隧道後半段開始「只有地板變成鏡子」，蜜蜂只要進入鏡子區就會很快墜落。由此可知蜜蜂對於位在腹側的目標，是以視覺來認知並調整高度的，這個現象可能跟飛行員飛行中如果一時失去視線，就會迷失飛行速度跟方向的「空間定向障礙」很類似。順帶一提，如果讓實蠅進行一樣的實驗，飛行完全不受到影響。即使都是昆蟲，但飛行使用的技術跟能力似乎還是有差。

> ⇩ 檢證結果 ⇩
> ## 蜜蜂會看著腹側目標一邊飛行，所以地板有鏡子就飛不好。

參考文獻 Floor and ceiling mirror configurations to study altitude control in honeybees

關鍵字 **生物學、昆蟲學**

沒死於殺蟲劑的蚊子會進化？

　　蚊子是茲卡病毒感染症或瘧疾等疾病的傳播媒介，這個小惡魔近年來實現了驚人的進化。可能有人會笑說「又不是寶可夢，怎麼可能會進化」，但該研究在學術雜誌《科學報告》（Scientific Reposts）上發表，這可不是笑笑就能解決。

　　根據《科學報告》上刊載的論文，如果蚊子曾暴露在殺蟲劑中卻幸運沒有死，後來就會學習迴避殺蟲劑。實驗中使用埃及斑蚊和致倦家蚊兩種雌蟲並給予非致死量的殺蟲劑，並調查再次給予劑量時的行為跟對生存的影響，發現如果在食物來源的路上有噴了殺蟲劑的網子，沒有暴露過殺蟲劑的蚊子通過網子的機率超過50%，而暴露過的蚊子有15%左右會迴避。另外，如果統計通過網子的生存率，未經暴露的蚊子為11～12%，暴露過殺蟲劑的蚊子有30%以上的高機率會獲得抗性。

　　因為面臨死亡而學會迴避方法，變成更強的個體，彷彿戰鬥漫畫的主角一樣，而和這種強敵蚊子戰鬥的人類，最終有辦法獲勝嗎？

⇩ 檢證結果 ⇩

暴露過非致死量殺蟲劑的蚊子，會得到抗性並學會迴避。

參考文獻 Mosquitoes learn to avoid pesticides after single non-lethal exposure

關鍵字 生物學、健康、音樂

老鼠聽了歌劇後會比較長壽？

接觸優秀的藝術跟文化會讓想像力變得豐富，心情也會比較穩定，或是獲得感動等，有很多好處。這種效果只對人類有效嗎？帝京大學的研究團隊就給了這個疑問一個答案。

研究團隊進行的實驗是給進行過心臟移植手術的老鼠聽音樂。把老鼠放在不同環境後，只有一邊變得比較長壽。兩種環境的差別只有一邊放著背景音樂——威爾第的歌劇《茶花女》，團隊用各種音樂進行測試，發現莫札特平均可延長20天、《茶花女》平均26天（最長90天！），明顯讓老鼠的壽命產生變化。之後也在無聲的環境下進行反覆實驗，發現老鼠壽命（平均8天）沒什麼變化，可以證實音樂對術後的壽命有所影響。

有一部分的醫療院所已經將「音樂療法」作為復健的一環。好音樂可以讓身心放鬆，緩和不安跟壓力，也有學校可以學習音樂治療師的資格及技術，有興趣的人還請調查看看。

⇩ 檢證結果 ⇩

好音樂的音樂治療對人跟老鼠都有效

參考文獻 Auditory stimulation of opera music induced prolongation of murine cardiac allograft survival and maintained generation of regulatory CD4+CD25+ cells

關鍵字 **獸醫學、愛情**

被取名的牛
會產出比較多牛奶?

　　許多人從小喝牛奶長大,如果想要牛生產更多牛奶,該怎麼做才好呢?

　　根據2009年獲得獸醫學獎的英國研究者凱瑟琳・伯騰肖(Catherine Bertenshaw)和彼得・羅林森(Peter Rowlinson)的研究,發現幫牛取名並叫牠們名字是具有奇效的。

　　伯騰肖在英國的516家酪農進行問卷調查,並根據回答以及牛奶生產量進行分析,發現如果酪農有幫牛取名,會讓生產量有所影響。

　　問卷調查結果是整體有46%的酪農業會幫牛取名,而這些牛比不取名的酪農家還要生產多出3.5%的牛奶。

　　根據伯騰肖的結論,不是取名本身會提高生產量,而是取名這種行為表現出對牛的重視,牛感受到這種情感而可能產出更多牛奶。

　　這個實驗可以得知不論是人類還是牛都一樣,用愛對待是會傳達給對方的。

⇩ **檢證結果** ⇩

被叫名字的牛
會產出更多牛奶

參考文獻 Exploring stock managers' perceptions of the human-animal relationship on dairy farms and an association with milk production

關鍵字 **生物學、藝術**

鴿子能分出畢卡索和莫內的畫嗎？

只有人類能理解藝術嗎？ 1995年獲得搞笑諾貝爾獎的慶應義塾大學名譽教授渡邊茂進行了實驗，測試鴿子是否能區分出藝術畫的不同作者。

他在箱中放入鴿子，並在螢幕上投影畢卡索或莫內的畫，播放到畢卡索的畫時，如果鴿子啄了就給飼料，並重覆進行這些步驟。

不斷持續後，鴿子就會記住畫，只有看到畢卡索的畫時會往前啄。或許有人認為鴿子只是記住畫也說不定，但後來即使給出不是鴿子看過的畫，鴿子果然還是只對畢卡索的畫有反應。也就是說，鴿子可以掌握畢卡索跟莫內各自的作品特徵以及性質。

而且將畫柔焦或是變成黑白後，鴿子也還是可以辨別。這可以證實鴿子判斷不是只看一個點，而是透過綜合要素來區分畫家。

分辨藝術作品對人類來說也相當有難度，然而鴿子卻能很好地分辨出來。

> ⇩ **檢證結果** ⇩
> # 鴿子可以分辨畢卡索跟莫內的畫

參考文獻 Discrimination of Monet and Picasso in pigeons

關鍵字 生物學、寵物

貓知道自己的名字嗎？

　　現在有許多人養貓，跟狗比起來，貓被說是比較反覆無常，感覺也不知道是否認得出自己的名字。

　　當然，貓被叫名字時可能會有反應，但那或許只是對什麼東西都有反應，也不知道是不是因為理解在叫自己才有反應。

　　上智大學的齋藤慈子等人的研究團隊透過實驗解決了這問題。

　　首先以一般人家裡或貓咖啡廳所飼養的貓為對象，讓牠們聽四次跟自己名字同樣音調的詞，然後調查叫正確名字的反應是否不同。實驗中分為只養1隻的情況，還有養了4隻以上的情況等不同差異，同時也實驗了飼主以外的人叫是否也有同樣反應。

　　實驗結果是飼主以外的人叫貓的名字也會有反應，所以貓知道自己的名字。

　　但是目前還不確定貓是否理解「名字是為了和其他個體識別」，也搞不好只是因為「聽到這個字就會有飼料」而跟報酬連結在一起了也說不定。

⇩ 檢證結果 ⇩
貓知道自己的名字

參考文獻 Domestic cats (Felis catus) discriminate their names from other words

關鍵字 **生物學、健康、壓力**

男性的體味
會造成動物很大的壓力？

　　男女體質不同的其中一個特徵就是體味。一般比起女性，男性的體味更強，而這個味道似乎也會對動物造成壓力。

　　麥基爾大學的疼痛遺傳學研究室的傑佛瑞・莫吉爾（Jeffrey Mogil）團隊讓老鼠嗅聞男性研究者或是他們穿了一整晚的 T 恤，結果誘發老鼠嚴重的生理壓力，並麻痺痛覺。這和害怕的反應一樣。感到害怕的動物會一時之間壓抑痛覺，讓所有能量用來逃跑。

　　會有這個反應的原因，推測應該是男性腋下汗中放出的費洛蒙。但可能不是只有一種化學物質，而是複雜的混合物。

　　順帶一提，女性體味也進行了一樣的實驗，但沒有男性這樣的反應。也就是說自然界可能因為男性狩獵及維護地盤，因此動物感受到生命危險也說不定。可以說動物對男性體味感到害怕，是動物們的生存本能吧。

⇩ 檢證結果 ⇩
動物聞到男性體味
就會感到壓力

參考文獻 Olfactory exposure to males, including men, causes stress and related analgesia in rodents

關鍵字 生物學、人臉辨識

射水魚分得出
人臉的不同？

　　近年來人臉辨識技術用於解除安全鎖或個人認證，這是相當困難的資訊處理技術，那麼怎麼樣的動物可以分出不同的臉呢？

　　一般認為高等智慧動物的哺乳類才有辦法，但實際上棲息在東南亞的射水魚也可以分辨人臉。

　　牛津大學的動物學者紐波特（Cait Newport）使用射水魚進行實驗，她注意到自己進入研究室時一定會被射水魚噴水，然後開始在想是否射水魚能分辨人臉。她給予魚看兩張照片，然後在魚只噴一邊水的時候給餌，結果選擇正確的臉的正確率高達89%。另外，她還實驗了同張臉的不同角度，發現射水魚也認得出側臉。也就是說射水魚能正確用三維方式理解人類的臉。

　　魚腦跟人腦相比或許很小，但也有魚可以分辨出人臉，或許今後可以利用更簡單的方式進行人臉辨識也說不定。

⇩ 檢證結果 ⇩
射水魚可以分辨人臉

參考文獻 Discrimination of human faces by archerfish (Toxotes chatareus)

關鍵字　**生物學、昆蟲學、電影**

蝗蟲看星際大戰
會亢奮？

　　喬治‧盧卡斯所導演的科幻電影《星際大戰》系列在全世界有許多粉絲，而這部我們看了會亢奮的作品，似乎也會讓蝗蟲們感到興奮。

　　進行實驗的是紐卡索大學的克萊兒‧林德（Claire Rind）團隊。他們將感應器裝在看星際大戰的蝗蟲腦上並測定訊號。結果牠們在某個場景，特定的腦細胞發出了反應。那就是電影中主要角色之一的達斯‧維達接近的場景。

　　實際上蝗蟲體內有著機制，一旦認知到敵人靠近就會避免撞上。看電影時感到興奮也是因為這個機制。當然，只要是逼近的影像什麼都可以，只是《星際大戰》戰鬥場景多，所以非常適合。然後林德本人似乎是星際大戰的粉絲。

　　林德利用這個機制來開發出衝撞感應系統，看來蝗蟲的體內機制對汽車安全駕駛也有幫助。

⇩ 檢證結果 ⇩
蝗蟲會對星際大戰的
戰鬥場景感到亢奮

參考文獻 Local circuit for the computation of object approach by an identified visual neuron in the locust

第4章

跟人類心理有關的
實驗＆研究

關鍵字 行為經濟學、自由家長制、社會心理學、行為科學

助推理論可以幫助節能？

2021年10月日本訂定「第6次能源基本計畫」，這是為了確立能源政策的基本方向。日本政府為了邁向零碳社會，希望2050年之前達到實質上的溫室氣體零排放，2030年以前希望能比2013年減少46％的排放量。其中關於生活減碳的目標，「助推理論（Nudge）‧數位化‧共享文化等行為轉變」便是生活減碳計畫的其中一環。

所謂「助推理論」就是指給予一些微小契機，人們便會自發性開始選擇更好的選項。這個理論是以結合經濟學和人類心理等情感的學說「行為經濟學」為基礎，由美國芝加哥大學行為經濟學者理察‧塞勒（Richard H. Thaler），以及哈佛大學法學家凱斯‧桑斯坦（Cass R. Sunstein）在2008年著作的《推出你的影響力：每個人都可以影響別人、改善決策，做人生的選擇設計師》一書中所提倡的概念，2017年塞勒獲得了諾貝爾經濟學獎，因而廣為人知。

助推理論是在尊重個人選擇的自由的前提下，允許公私機構影響個人行為，這是來自「自由家長制」的思考方式。而這也是塞勒和桑斯坦在2003年發表的論文中所提出的新概念，融合過去的「自由意志主義」及「家長式領導」兩種觀念。

自由意志主義是指重視個人自由及經濟自由兩方面的思考方式。另一方面，家長式領導則是由立場強的人（例如政府

行為經濟學的「Nudge」是指？

過去的思考方式

尊重個人自由意志

家長式領導

不管個人意志
而做出決定

新思考方式
自由家長制

保留選擇餘地並誘導向更好的方向

「用手肘小小頂一下（＝Nudge）那般，用輕輕一推敦促自發性做出所期望的行動」

為那些沒辦法做出對自己來說最適合選擇的人引導至正確方向， 非強制性而是喚起自發性期望行動的「輕輕一推」。

或家長）為了立場弱的人（例如國民或小孩）的利益，無視本人意志而介入並給予支援的思考方式。

　　這兩種思考方式是兩個極端，而兩者的折衷就是自由家長制，自由家長制是不用權力介入個人行動或選擇的自由，但誘導向「較好結果」的思考方式。這種誘導不是強制的，只是輕輕往想要的方向「推一把」。所以結合了英文中「輕輕一推」「小小用手肘頂一下」意思的「Nudge」來命名。

　　Nudge象徵性的成功案例是荷蘭史基浦機場的男用廁所。這個廁所有許多人會尿到便斗外面或飛濺而出，讓地板變得很髒，清掃費一年要花日幣7億元。而基於「想要瞄準目標」的人類心理，在小便斗內側放一張蒼蠅的畫作為目標，結果多數

人排尿時都瞄準蒼蠅排尿，而使得尿到便斗外的尿或噴濺變少了，結果如預想地減少了80％的地板髒污，清潔費也減少20％而獲得成功。之後這手法擴散到全世界，日本也有很多廁所採用張貼同心圓的方法。

像這樣，世界各國都在公共政策上檢證Nudge的效果和實用性，日本也不例外，例如日本環境省的Nudge事業，其中之一就是從2017年開始活用Nudge在4年內促使家庭進行節能行動的實驗。

實驗是以北海道瓦斯株式會社、東北電力株式會社、北陸電力株式會社、關西電力株式會社、沖繩電力株式會社的服務範圍內生活的約30萬戶為對象，透過甲骨文公司（Oracle）的協助，寄給每一戶個人化的「家庭能源報告」。

該報告不只有每個月的使用量及費用請求資訊，還用上了結合心理學、社會心理學、行為科學等知識的Nudge。例如「和附近類似的100戶相比」項目，就是利用了比起單純展示社會規定，想要直接遵守的人類心理，來喚起節能行動。另外「跟其他戶的費用比較」這個項目，則是具體指出「客人的使用量和擅長節能的家庭相比，多了○○元」並寫上損失金額，這是利用「人類比起利益更重視損失的心理（損失迴避）」來促使節能行動。其他還有各戶客製化的「適合客人的節能妙招」，這個項目會提出三個訣竅，這是避免人類因太多選擇就會陷入困難的心理（選項過多），所以減少到三個以內，然後故意混入執行難度高的對策，降低對容易執行的對策的心理門檻（以退為進法）。透過這些功夫，自然誘導各家庭採取節能行動。

結果是送了報告的家庭有3成採取了節能行動，4年內平

Nudge的活用使3成的家庭開始節能行動

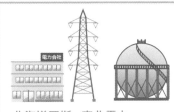

· 北海道瓦斯 · 東北電力
· 北陸電力 · 關西電力 · 沖繩電力

「家庭能源報告」內的
「Nudge」

· 比較附近類似的100戶（社會規範）
· 和其他戶的費用比較（損失迴避）
· 和前一年消費量比較（目標設定、進程標示）
· 針對各戶提出客製化的節能建議（選擇過多、以退為進法）

約以30萬戶為對象郵寄「家庭能源報告」

郵寄「家庭能源報告」的家庭約有三成採取節能行動

4年內累積CO2減少排放量約 4萬7千噸

出處：居家環境計畫研究所2015，〈提供居家能源使用狀況資訊，促進家庭節能行動效果調查報告〉

均省下2%的能源。累積減碳量為4萬7000噸，報告停止提供後，也還是持續這樣的節能效果，今後推測將可減少累計11萬1000噸的CO2排放量。這是4萬1000戶的年間CO2排出量，相當於更換13萬5000台冰箱的效果。

根據檢證實驗，Nudge只花了一點點功夫就可以改變人的意識及行動，是解決社會課題的一個好利器。今後Nudge也會被活用在各種領域吧。

⇩ 檢證結果 ⇩

大規模的Nudge實驗
可以確認有很大的節能效果

參考文獻 Nudge: Improving Decisions About Health, Wealth and Happiness
「環境省ナッジ事業の結果について」（http://www.env.go.jp/press/109939.html）

關鍵字　**最後通牒賽局、實驗經濟學、社會學**

人類比起自己的利益更重視公平？

　　「最後通牒賽局」分成擁有分配金錢權利的「提議者」，以及決定是否接受的「響應者」來進行遊戲。提議者會提議自己和響應者的分配金額，如果響應者接受，則兩者都可以獲得各自的分配額，但如果響應者拒絕，則兩者都得不到。這是「賽局理論」代表性的實驗之一，在所有以人類為對象的實驗中，這個實驗可說是最頻繁被執行的。

　　例如，決定1000元的分配時，如果提議者提出自己600元，響應者400元，而響應者接受此條件的話，則提議者就可以拿到600元，響應者拿到400元，如果響應者拒絕，那就兩人都拿不到一毛錢。

　　這個遊戲一般預想響應者會有平分，或是提議者與響應者為六比四、七比三等情形，提議者可能會提出對自己有利的分配額。

　　至今的研究發現，公平五五分的情況下，響應者100%會接受，而提議者8成、響應者2成的情況下，拒絕的機率有50%左右。但以合理的思考方式來看，如果是想要最大化利益，無論哪種分配額最好都答應，對響應者來說才是最適當的選擇。可是會拒絕明顯不公平的分配，是因為響應者比起自己的實際利益，更希望提議者和響應者之間是公平的。

　　那麼如果提議者跟響應者比例為四比六或二比八，出現利

最後通牒賽局

提議者	響應者

提議者

我拿〇〇元，你拿××元如何？

提議自己和對手各分到多少金額

如果理性思考，無論是怎樣的金額分配都應該答應，才能獲得利益。但現實中發現愈是分配不公，響應者拒絕的比例就愈高。

響應者

YES

只要接受提案，就會依照提案獲得分配金額

得到利益

NO

如果拒絕提案，兩人都得不到錢

喪失利益

他性分配提案的情況時，響應者會有什麼反應呢？至今幾乎沒有這類的研究，但日本公益財團法人道德教育財團（The Institute of Moralogy, モラロジー道德教育財団）的望月文明注意到了這點，於是進行了利他分配的珍貴實驗。

望月找來大學生67人（男性21人、女性46人），讓受試者擔任最後通牒賽局的響應者，在假設是由他們不認識的人擔任提議者並分配1000元的狀況下，請他們以填寫問卷的方式進行實驗。

實驗中，聽了最後通牒賽局說明的大學生，被給予了提議者分配比例為（1）800元及200元、（2）600元及400元、（3）400元及600元、（4）200元及800元、（5）各別都500元中的某幾種模式的問卷，並且請他們回答「接受提案或

拒絕」「對提案的分配比例有什麼心情，以及對對方的印象」「提議的分配額及分配額相反的情況（除了各500元以外），會選擇接受或不接受」「此時的心情及對提議者的印象」「如果自己是提議者會怎麼分配1000元」這五種問題。

結果如右頁的表格，提議者和響應者各500元的情況下，全部的人都接受了。800元及200元的情況，有54％的人拒絕，也就是說跟之前的結果差不多，分配額不公平的話，拒絕的比例就愈高。另外，200元及800元等對響應者有利的情況，也有43％的人拒絕，即使是利他的提案也會造成不公平，所以拒絕的傾向也變強。

提到對提議者的印象，平均分配時會是「公平」「平等」，對提議者的印象是「擁有公平價值觀的人」等正面評價。但是提議者拿比較多的利己提案時，會有「不公平」「不平等」的印象，對提議者的印象多為「自我中心」「狡猾」等負面評價。這種傾向當提議者拿愈多時就愈強烈。

然後，如果是提議者拿比較少的利他性提案時，大多可分成三種群體，一種是拿到錢而單純感到開心的群體，還有不明白提議者意圖、存疑而覺得怪異的群體，最後則是就算感謝對方的好意，也會覺得困惑或是惶恐的群體。也就是說，雖然是自己拿比較多，但不是只有單純感到高興的人，也有一定數量的人會抱持警戒或是感到困惑。這是因為覺得單方面利他行為，未必是出於好意，這點也和社會心理學的知識一致。

那麼，我們已知不管是利己或利他，分配比例只要偏頗就會偏向拒絕。如同前述，如果想要利益最大化，拒絕反而是不合理的行為。為什麼人類會是這樣的行為模式呢？

一般認為，這是因為基於集體生活，對利己而不公正的提

每種分配額的接受／拒絕比例

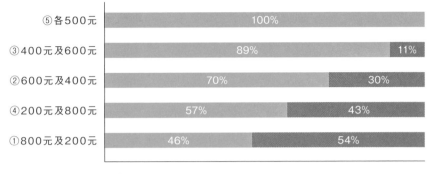

接受　拒絕

⑤各500元	100%
③400元及600元	89% / 11%
②600元及400元	70% / 30%
④200元及800元	57% / 43%
①800元及200元	46% / 54%

NO

愈偏離均分的比例，
被拒絕的傾向就愈強。
**不只是提議者提出自己拿比較多的「利己」
提案**，提出自己拿比較少的「利他」提案
時，拒絕的比例也很高。

議者，自己要付出拒絕分配額的成本來給予「利他性懲罰」。
對做了不正當事的人給予懲罰，可以排除共同體內的「搭便車
問題」或抑制類似事情發生，會讓共同體整體受惠。也就是說
乍看不合理的行動，但如果考慮共同體利益的話，自己也間接
受惠的可能性會變高，可以說是合理的行動。

　　另一方面，「不能原諒提議者」「想要妨礙卑鄙的提議
者」這類感情趨向的行為動機也是有可能的，不管怎樣，人類
對不公平都很敏感，可以說是有著無法原諒不公平的習性吧。

⇩ 檢證結果 ⇩
人就算要犧牲自己利益，
也更重視公平。

參考文獻 最後通牒ゲームにおける利他的な申し出への反応に関する一考察

人類擅長找出背叛者？

　　英國認知心理學者華生在1966年發想出一種邏輯益智遊戲「華生選擇任務」。這個問題是在「4張卡中選出可能違反『如果○○就會××』條件的卡片」，即使可以單純用推論來解題，華生最初想到的問題，正確回答的比例不到10%

　　來看看具體是怎樣的問題吧。有一面寫著數字，另一面是英文字的四張卡，有兩張數字朝上，兩張英文朝上並排，數字是4、7，英文是A、D。規則是「寫了偶數的卡片，背面是母音」，為了確認是否符合這個規則，必須翻哪張卡片？這就是華生選擇任務。如果翻了不必要的卡片，而沒有翻必要的卡片，就是答錯了。（參照右頁）

　　那麼首先先解開右頁的問題看看吧。只選出有可能違反「偶數卡片背面寫了母音」的規則的卡片就好。

　　這個問題的重點在於違反規則的卡只有「一面寫了偶數，另一面卻不是母音」，也就是需要調查「寫了偶數」或「沒寫母音」的卡片。四張卡片中各自有「寫了偶數（4）」「沒寫偶數（7）」「寫了母音（A）」「沒寫母音（D）」四種情況，所以翻開4和D的卡片是正確答案。

　　如何呢？應該很多人會選擇4和A，過去實驗這類問題的正確率最多也只有30%，多數正確率是不滿10%，所以如果答錯也請放心。

華生選擇任務①

排列4張卡片，
一面寫有英文字母，
另一面是數字的卡片。

| 4 | 7 | A | D |

規則：「寫了偶數的卡片背面是母音」

問題 為了確認是否遵守這個規則，
需要翻哪些牌？

違反規則的是「偶數背面寫了子音的卡片」

- 4的卡片背面如果不是母音，就違反規則。
- 7的背面不管寫什麼，都沒違反規則。
- A的背面不管寫什麼，都沒違反規則。
- D的背面如果是偶數的話，就違反了規則。

正確答案是「4」和「D」
正確率5%〜30%左右

　　像這樣的華生選擇任務中，有很多人會確認A卡片是否符合規定，理由是人類有一種「確認答案符合、正確的事情會滿足」的心理傾向，所以選A的人會很多。這種心理傾向在認知心理學和社會心理學中稱為「確認偏誤」。當人類要檢證什麼的時候，會一直蒐集支持論點的證據，無視反對的資訊，或者根本不會去蒐集。因此不會去檢查規則的反證「D」。

　　說來不可思議的是，只要稍微改變華生選擇任務的出題內容，就會讓正確率大幅上升。接著試試下一頁的酒與年齡相關的問題看看。

　　這個問題的卡片有一面寫了年齡，另一面寫了喝的東西。並排的卡片上寫了「16歲」「25歲」「可樂」「啤酒」，規則是「要20歲以上才能喝啤酒」，為了確認是否遵守這個規則，應該翻什麼卡片呢？

　　那麼，你會選擇哪幾張卡片呢？會違反這個規則的是「未滿20歲飲酒的人」，所以翻16歲和啤酒兩張是正確答案。這次應該幾乎所有人都答對了吧？實驗上如果是這類問題，正確率會大概躍升到65%～80%。

　　為什麼同樣邏輯的問題，正確率會有這麼大的差別呢？還有為什麼確認偏誤的機制這時候不會運作呢？有各種說法，一開始是認為，真實生活沒經歷過的抽象問題，會比生活中有過經驗的具體問題更難判斷，以第二個問題來說，是生活中常見的例子，所以正確率會上升。確實可以理解，但是也有許多具體問題而正確率不會上升的例子，所以仍持續爭論。

　　但在1992年由演化心理學者的科斯米德斯（Leda Cosmides）和托比（John Tobby）發現華生選擇任務的規則中，如果是「得到利益就必須支付代價」或者「為了得到利益，必須滿足必要條件」的社會交換的形式，正確率就會上升。也就是說，科斯米德斯認為人類腦中有找出「獲得利益卻沒有支付代價」的「背叛者」的機制，所以正確率會上升。

　　科斯米德斯的說法稱為「社會契約假說」，如此一來就可以解釋選擇卡片的正確率為何會因內容有很大變動。但即使正確率上升，還是有利益跟代價無法解釋的模式，這件事當時就已經知道了。這些被稱為「預防處置問題」或「察覺利他主義者」，但這些是怎樣的機制，目前還在議論中。

華生選擇任務②

排列4張卡片，
一面寫有年齡，
另一面寫著喝的東西。

| 16歲 | 25歲 | 可樂 | 啤酒 |

規則：「只有20歲以上才能喝啤酒」

問題　為了確定有沒有遵守此規則，
應該翻哪些卡片？

違反規則的是「20歲以下卻喝酒的人」
- 16歲卡片背面如果是啤酒，就違反了規則。
- 25歲卡片背面不管是可樂或啤酒，都不違反規則。
- 可樂背面不管幾歲，都不違反規則。
- 啤酒的背面如果是20歲以下，就違反規則。

正確答案是「16歲」和「啤酒」
正確率65%～80%左右

　　不過，人類的大腦具備找出擾亂社會秩序「背叛者」的機制應該是沒錯的。這恐怕是人類長久的歷史中進化而培養出的能力之一。

⇩ **檢證結果** ⇩
人類有找出擾亂社會秩序的
背叛者的能力

[參考文獻] 4枚カード問題からわかること―裏切り者検知・予防措置・利他者検知―
Cognitive Adaptations for Social Exchange

批評和稱讚
哪個比較有效果？

第4章　跟人類心理有關的實驗＆研究

無論是小孩子讀書、指導部下、培養人才，稱讚和斥責哪個會比較有效？很多人應該都想過這個問題吧，而千葉大學的松田伯彥則用實驗進行了驗證。

他在千葉市內幾所小學的四年級、總共10個班級裡進行五天的實驗，並將個別班級分為「稱讚班上的1/3同學，無視2/3同學」「稱讚全班」「稱讚一半同學，斥責另一半同學」等，像這樣改變稱讚、斥責、無視的比例，區分為各種模式。

實驗第一天先讓學生嘗試15分鐘，相當3年級學力的算數問題，並以該成績為基準。為了讓稱讚、斥責、無視的三個集團之間能力不要落差太多，實驗者會平均分配各班的兒童。

實驗第二天也進行同程度的算數問題，但在那之前，老師會叫稱讚組和斥責組的兒童名字，稱讚組會稱讚「做得很好」，斥責組則罵「做得很差」。然後不叫無視組的人的名字也不搭話。也就是無視組的兒童只是看著同班同學被稱讚或被責罵，而看看這樣會怎麼影響成績就是該實驗的重要目的。第三天以後也以同樣模式進行實驗，五天以內的成績數據變化結果如下。

首先，稱讚組的兒童比責備組兒童的正確率增加了。被稱讚或責罵的組在班上愈是佔多數，就愈有效果，如果全班都被稱讚或責罵是最有效果的。另外看到同學被稱讚的兒童，正確

連續五天給予四年級小學生「算數問題」當作業

做得很好　→　稱讚
做不好　→　叱責
……　→　無視

結果……

課題第二天開始，老師會「稱讚全班」「罵全班的2/3，無視1/3」「罵全班」等，用許多組合來評價學生，然後檢視算數問題的成績。

・被稱讚比起被責罵會增加正確答案量
・無論稱讚或責罵，都是在班上佔多數的話效果更好，給全班的話效果是最好的

・看到同學被稱讚的人（被無視的學生）的正確增加率低，人數如果愈少就愈明顯
・看到同學被責罵的人正確率增加很多，人數愈少愈顯著

率的增加量不多，這些人在班上愈是少數，增加率就愈低。另一方面看到同學被責罵的兒童，正確答案的增加率則是很高，在班上比例愈少就愈高。

　　將來在家庭、學校、職場等地方想要讓人成長的話，比起責罵應該選擇稱讚，盡量稱讚全部的人會比較好，這是最有效的指導方式。

⇩ 檢證結果 ⇩

比起責罵，
稱讚更能有效讓人成長。

參考文獻 学級集団における児童の学習におよぼす賞・罰の比の効果

關鍵字 醫學、烏特斯坦格式（Utstein Style）

心臟停止時，比起家人和認識的人在一起的生存率更高？

「心臟突然停止」倒下的人，一年有超過10萬。雖然隨著AED的普及，得救的可能性也增加了，但有個驚人的研究結果顯示，目擊心臟停止的人是誰，會左右該人的命運。

該研究是由金澤大學醫藥保健研究醫學系的田中良男、前田哲生、稻葉英夫等人的研究團隊所進行，他們仔細分析了由日本總務省統計2005～2009年在日本國內發生的院外心臟停止患者的「烏特斯坦格式」（Utstein Style）。

烏特斯坦格式是一種國際通用的「院外心臟停止病例」統一紀錄格式，嚴謹決定了各種用語的定義、時刻、時間等心肺功能停止紀錄所不可或缺的要素。

在分析了55萬人的數據中，有明確留下紀錄的14萬患者的資料後，研究團隊首先把14萬人數據以目擊心臟停止的人為基準，分成「患者家屬」「患者朋友或同事」「其他關係」三組。然後各組再分成「口頭指導的成功率」「心肺復甦的執行率」「執行心肺復甦為止的時間」「通報119為止的時間」「預後良好之一個月生存率」等，並分成白天（7：00～18：59）和晚上（19：00～6：59）時段來進行分析。

結果是由患者家屬目擊心臟停止的人，其親屬通報119及開始心肺復甦的時間較晚，進行心肺復甦等適當基本救命術的機率低。結果患者的預後良好之一個月生存率也較低。

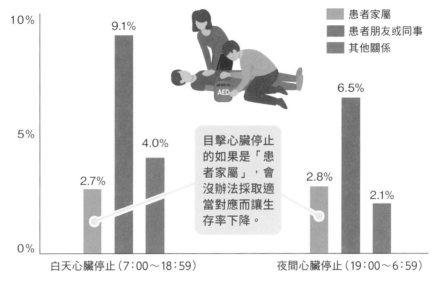

目擊者和心臟停止患者的關係，以及心臟停止患者腦功能良好的一個月生存率

- 患者家屬
- 患者朋友或同事
- 其他關係

10%

9.1%

5%

4.0%

2.7%

目擊心臟停止的如果是「患者家屬」，會沒辦法採取適當對應而讓生存率下降。

6.5%

2.8%

2.1%

0%

白天心臟停止（7：00～18：59）　　夜間心臟停止（19：00～6：59）

『Potential association of bystander patient relationship with bystander response and patient survival in daytime out-of-hospital cardiac arrest』を元に作成

　　研究團隊認為這樣的結果是因為當患者家屬看到家人心臟停止時，心理受到動搖，而無法採取正確行為等心理問題。另外，因為高齡化，所以高齡者過著兩人生活的情況也不少。能給予幫助的人不在身邊也是可能的因素。

　　反過來說，不管發生的時間段，當目擊心臟停止的人是「患者朋友或同事」的情況，預後良好之一個月生存率較高。研究認為是因為會採取適當基本救命術的機率高，進而導致了這樣的結果。

⇩ 檢證結果 ⇩

心臟停止後生存率高的是
和朋友跟認識的人在一起的時候

參考文獻 Potential Association of Bystander-Patient Relationship with Bystander Response and Patient Survival in Daytime Out-of-Hospital Cardiac Arrest

關鍵字 人類科學、社會間接互惠性

「對人親切，自己也會被親切對待」是正確的嗎？

你是不是聽過「好心會有好報」這樣的俗語？這是指「對人親切的話，親切會回到自己身上」的意思。人類社會中有著這樣廣泛交換親切的機制，並稱為「社會間接互惠性」。

原本人類看到困擾的人，即使不認識也會想幫助他，有著多數場合下會進行親切舉動的習性。像這樣不只是為了自己利益，也是為了他人利益的行為稱為「利他行動」，目前還不知道人為什麼會進行利他行為。

而社會間接互惠性說明的是，當某個人對人採取利他行為後，該人的評價提高而受到周圍喜愛，並且容易由其他第三者反過來報以利他行為的狀況。

大阪大學研究所人類科學研究科的清水真由子、大西賢治研究團隊，在全世界首次發表時表示，人類從幼兒期開始就有這種特性。

研究團隊以開始上幼兒園的5～6歲兒童為對象，蒐集日常生活中他們對其他幼兒採取利他行動的數據。當幼兒看到其他幼兒親切地對待第三者幼兒時，他們對這個親切的幼兒也會做出友善的舉動。

結果是當幼兒看到某個幼兒幫助其他人，或是借東西等親切行為時，對這個做出親切行為的幼兒也會更容易採取親切行為。而且會做出像是觸碰身體、表達正面內容、給對方看自己

擁有的東西等行為。像這些就叫做「親和行為」，是對想要關係變好的人、喜歡的對象表達親近情感而經常採取的行為。

以上結果可知，幼兒會看其他幼兒之間的互動來評價其親切程度，並且做了親切舉動的幼兒，也會被周圍的幼兒採取親切對待。也就是說人類從小開始，在日常生活中就會依循社會間接互惠性來行動。

⇩ 檢證結果 ⇩

對人親切，
總有一天也會回到自己身上。

參考文獻 Preschool Children's Behavioral Tendency toward Social Indirect Reciprocity

為什麼忍不住會覺得「別人會去做」？

第4章　跟人類心理有關的實驗&研究

　　1964年紐約發生了衝擊性的殺人事件。深夜回家途中的姬蒂・吉諾維斯在自家門前被襲擊時，發出求救的叫聲，附近的38位居民察覺到緊急事態，一部分人目擊了她被襲擊的樣子，然而誰都沒有通報警察或幫忙，結果她就被殺了。

　　這個事件大部分都是以「都市人很冷淡」為題報導，但心理學者的達利（John M. Darley）與拉坦納（Bibb Latane）則提出了「正因為很多人目擊了事件，所以誰都沒有作為」的假說。並且為了證明假說，在1968年進行實驗。

　　該實驗由大學生分成2名、3名、6名的組別，以團體討論為名義進行實驗。為了保護受試者匿名性，所以在有麥克風和對講機的房間進行討論，但討論開始不久後，其中一位參加者（實驗協助者）就演出病情發作的痛苦演技。

　　然後團隊接著觀察受試者會不會幫忙或進行通報等行動，並計算發生後的時間，這就是本實驗的目的。結果2人團體最後一定都會採取行動，相對地6人團體有38％的人不會採取行動。

　　也就是說，姬蒂・吉諾維斯事件與其說是「都市人冷淡」，其實是「因為很多人看見了」，所以誰都沒幫忙。達利與拉坦納將之稱為「旁觀者效應」（Bystander effect）。旁觀者效應由三個原因產生：因為他人沒有積極行動，所以認為

事態不緊急的「多數無知」，以及透過和其他人同步來分散責任或批評的「責任分散」行為，還有發起行動時，會害怕結果受到周圍負面評價的「擔憂評價」。

　　姬蒂·吉諾維斯事件和旁觀者效應的實驗是學社會心理學時一定會接觸到的有名概念，但從當時居民的證言可知，目擊者人數跟沒人通報警察的說法似乎有所出入。另外，也應該考慮當時的社會背景沒有緊急通報系統。

⇩ 檢證結果 ⇩

關係人愈多
就愈不覺得有緊急性跟責任

參考文獻 Bystander Intervention in Emergencies: Diffusion of Responsibility

關鍵字 社會心理學、配對假說、戀愛

相似的人
比較容易結婚？

　　世上有打扮和氣質相似的「相似夫婦」，也有完全是「美女與野獸」的相反夫婦，雖然說戀愛個人狀況百百種，但心理學上有所謂的「配對假說」（matching hypothsis）可以很好地解釋。

　　配對假說是對人魅力有關的假說，指「對社會期待的觀點一樣或相似的人之間，容易結為特別關係」，1966年由美國社會心理學者伊萊恩·哈特菲爾德（Elaine Hatfield）首度提出。

　　當初這個假說是主張「選擇交往對象時，會先對臉或身體等外表進行評價，然後選出和自己相配的對手」。其中一例就是1972年美國心理學家貝爾納·默斯坦（Bernard I. Murstein）進行的實驗。該實驗找到從隨意交往到結婚、各種狀態的197組情侶，為了不讓人猜出哪對男女在交往，各別拍攝照片，然後把照片給8位審查員觀看並評價其魅力。結果實際交往中的男女的評價相近，所以用外表判斷來配對是正確的假說。

　　但是該假說雖然能說明相似夫婦，卻不能說明美女與野獸這樣外表不相配的情侶。另外，從過去心理學的理論來看，也無法說明人是完全用外表來選擇配偶，因此心理學者沒辦法接受這個結論。

　　這時有許多心理學者進行各種實驗和研究，發現結果是對

外表　性格　地位
體型　特技　經濟能力
體格　知識　其他……
服裝

外表　服裝　知識
體型　性格　地位
體格　特技　經濟能力
　　　　　　其他……

人類不是只看外表，也會用內在的綜合得分來判斷。

人的魅力的評價不只有考慮臉的美醜或體型、體格等外表，還包含性格、特技、知識、地位、經濟能力等，是綜合性的判斷。然後以綜合判斷為基礎來判斷異性和自己是否搭配。

也就是說無論男女，對自己外表沒自信的話，就磨練自己內在獲得更好的社會地位、取得經濟能力，就能讓綜合魅力程度提升。如果外表跟意中人不搭而覺得煩惱，那麼就努力讓其他部分的魅力增加吧。這樣就能提高配對的可能性了。

⇩ **檢證結果** ⇩
不只有外貌，
重點是綜合評價相近。

參考文獻 Physical attractiveness and marital choice

要交往的話，人比較重視臉蛋還是身體？

　　交往時比較重視臉蛋還是身體？德州大學奧斯汀分校的進化心理學者康佛（Jaime C. Confer）透過實驗，檢證了這個彷彿居酒屋喝醉男人間的無聊話題。

　　實驗有大學生375人參加（男性192人、女性183人），一開始會讓受試者看到臉被「Face Box」遮住、身體被「Body Box」遮住的異性照片，然後受試者會以「短期交往對象（一夜情）」或「長期交往對象（正式伴侶）」等數個不同條件來選擇對象。以上述指定條件選對象時，可以讓受試者選擇拿掉「Face Box」或「Body Box」其中一個箱子，這解釋了人們透過什麼條件來判斷可否跟另一個人結成關係。

　　接著，在受試者拿掉某個箱子後，會被問到「決定選擇臉或身體資訊的優先順序為何？」並讓受試者分成七種階段的分數作答。

　　結果是男性選擇長期交往對象時，75％會拿掉Face Box，而25％會拿掉Body Box。短期交往對象時有49％拿掉Face Box，51％拿掉Body Box。也就是說，雖然依交往期間長短比例會有很大變化，但選短期交往對象時，男性更重視女性的身體而非臉。

　　另一方面，女性選擇長期交往對象時，66％會拿掉Face Box、34％拿掉Body Box，短期交往對象則是73％拿掉Face

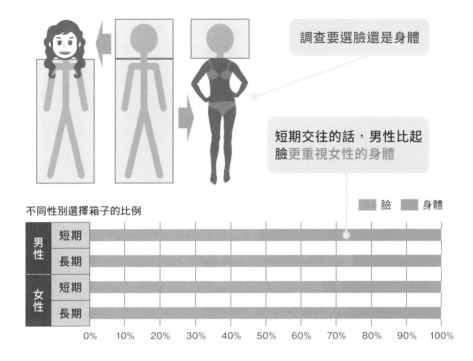

調查要選臉還是身體

短期交往的話，男性比起臉更重視女性的身體

不同性別選擇箱子的比例

| | | 臉 | 身體 |

| | | 0% | 10% | 20% | 30% | 40% | 50% | 60% | 70% | 80% | 90% | 100% |

男性：短期、長期
女性：短期、長期

Box、27%拿掉Body Box。幾乎沒有差別，也就是說，女性不論交往期間長短，基本上都重視臉。

為什麼要做這種實驗呢？這是為了檢證「如果是短期性愛的情況下，男性更重視女性的身體」的假說。男性在一夜情的時候更重視女性身體勝過臉蛋，但這點其實不用特地確認，無論男女大概都心裡有數吧？

⇩ 檢證結果 ⇩

如果是一夜情的話，男性更重視身體。

參考文獻 More than just a pretty face: men's priority shifts toward bodily attractiveness in short-term versus long-term mating contexts

為什麼聯誼要喝酒？

聯誼的目的是為了認識交往對象，一般是邊喝酒邊進行。酒精有著讓人情緒高昂和緩解緊張的效果，對於初次見面的男女來說，非常合適用來打破尷尬。

蘇格蘭格拉斯哥大學的貝瑞·瓊斯（Barry T Jones），針對「酒是否有提升異性魅力的效果」這個問題做了實驗。

瓊斯在大學酒吧搭訕喝酒的學生，召集喝了酒的實驗受試者40人，另外還找了清醒的學生40人作為比較對象來進行實驗。此外，喝酒的40人的酒精攝取量分為六階段，並請他們先自行評估。

一開始的實驗是在電腦上亂數顯示118名男女的臉，把臉的魅力程度分成7分滿分來給評價。最後的實驗是在電腦上顯示各種手錶，也用7分滿分來評估吸引力。

結果男性評價女性的臉時，清醒的人可能給出3.5分，喝醉時會提高到4.1分。女性評男性的臉時，清醒時是3.3分，喝醉後提高到4.0分。對同性的臉的評價也會上升，因此得知喝醉的話會覺得臉更有魅力。

然後對於臉的差異的評估，清醒的人和喝醉的人沒有特別差別。也就是說，喝酒效果會改變的評價只針對魅力，但不影響辨識。然後對手錶的評價則沒有清醒跟喝醉的差別。也就是說，喝醉後會感覺更有魅力的特別是異性的臉。

　　為什麼喝醉會覺得異性更有魅力呢？可能是情緒高昂後大腦誤認為對方有魅力，也可能是對性的慾望的抑制能力降低，所以評價變得寬鬆了。不論如何，讓對方喝醉就能讓自己的臉看起來更有魅力，在聯誼上很加分。但是如果自己也醉了，就會覺得對方看起來更有魅力，所以要注意。

⇩ 檢證結果 ⇩
聯誼對象喝醉
會提高自己的魅力

參考文獻 Alcohol consumption increases attractiveness ratings of opposite-sex faces: a possible third route to risky sex

關鍵字 不當對待、象徵性復仇、詛咒人偶

詛咒人偶
有提高生產力的作用？

　　職場上有很多造成壓力的原因，但特別大的元凶就是上司給予過度的壓力和毫無道理的業務命令、職權騷擾或性騷擾、霸凌等不當的對待。這不只是在日本發生的問題，英國衛生安全局也發現一年有1200萬以上的英國人，會因為壓力或不安而不得不停職。

　　加拿大威爾弗里德‧勞雷爾大學的梁漢玉（Lindie Liang）為了消除這樣的憤怒，找到了解除壓力的驚人方法。那就是對上司做出「象徵性報仇」。

　　梁漢玉等人首先讓美國及加拿大勞工共229名受試者，回想和討厭上司的互動。之後，受試者要完成簡單的問題，也就是認出被遮住一部分的單字。但是一部分受試者在進行問題前，會先用線上的巫毒娃娃程式對上司進行復仇。可以任意命名巫毒娃娃，然後用針刺它，或是用鉗子夾它、用火烤它。

　　結果對玩偶復仇後的受試者，「覺得不公平」情緒會降低1/3，並且重新取回公平的感覺而讓表現變得更好，最後成績比沒復仇的受試者佳。

　　過去研究結果表示，被不當對待的人會想爭辯而導向更強的報復。梁博士想透過這樣的實驗證實，如果不用實際報復，是否可以使用無害的代替行為來處理，結果就想到了線上巫毒娃娃程式。

 の図内テキスト:

受到上司不當對待時……

用詛咒人偶等進行復仇
讓心情變好、精神安定

然後對上司的復仇就算不是用巫毒娃娃，把上司照片貼在牆上當飛鏢投擲的目標等象徵性復仇的方法也可以、日本的稻草人也OK，甚至用智慧型手機的詛咒玩偶App也沒問題。

重要的是因為復仇而讓勞工取回「被正當對待了」的感覺，對工作表現有好的影響，對組織整體也有很大的好處。

⇩ 檢證結果 ⇩

透過復仇取回正當性
而讓工作表現提升

參考文獻 Righting a wrong: Retaliation on a voodoo doll symbolizing an abusive supervisor restores justice

能力差的人愈是會過高評價自己的能力？

你知道2000年獲得搞笑諾貝爾獎心理學獎的「達克效應」（Dunning-Kruger effect）嗎？這是指沒辦法正確評價自己，過高評估自己能力而產生優越錯覺的認知偏誤。發現這個現象的是美國社會心理學者密西根大學的大衛・鄧寧（David Dunning），還有美國社會心理學者紐約大學史登商學院的賈斯汀・克魯格（Justin Kruger），所以命名為「達克效應」。

檢證達克效應的實驗有好幾個，這裡介紹文法測驗「預測文法能力及分數」與「實際分數」的差距。該實驗讓84個大學生接受文法測驗後，預測自己的文法能力和測驗分數，然後看看和實際分數有多大落差。

結果是測驗成績好跟不好的人，他們在預測自己的文法能力和預測的分數上沒有很大差別，然而卻跟實際分數的高低會有很大的差距。也就是分數差的學生，實際上的分數比預測分數低很多，過高評價了自己。相反地，分數好的學生實際分數比預測分數高，可以說過低評價了自己。

也就是說，能力愈差的人，會有對本身的預測值和實際成績落差很大的傾向。鄧寧和克魯格認為愈是能力差的人，愈會承受「達到錯誤結論並選擇不幸的選項」「因為無能，連注意到問題的能力都沒有」這些雙重負擔。

實際上，就像「我更會讀書」「我更會工作」等說法，認

預測分數及實際分數的差距

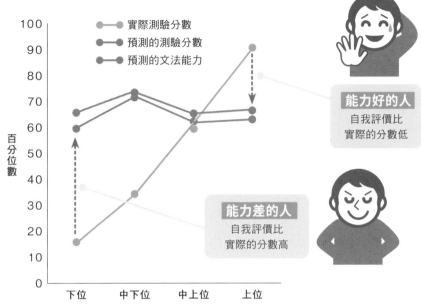

為自己能力比別人更優越的例子並不少。這種錯覺很強的話，會導致跟實際能力產生差距，陷入達克效應的可能性很高。

　　為了不發生這樣的事，要客觀評價自己能力，知道自己的知識和能力還不足是很重要的。「井底之蛙不知大海」是常見的俗語，絕不要成為在小小世界中誤以為自己知道所有事的井底之蛙，還請小心。

⇩ 檢證結果 ⇩
能力愈差的人
愈注意不到自己的能力差距

参考文献 Unskilled and Unaware of It: How Difficulties in Recognizing One's Own Incompetence Lead to Inflated Self-Assessments

←---------------------------------------

關鍵字　**心理學、SNS**

網路上的SNS頭像
會讓人產生什麼反應？

---------------------------------------→

　　網路因為匿名性高，導致誹謗、暴言、歧視發言、性騷擾等不良行為。這裡介紹的例子是來自線上影片編輯軟體「Kapwing」的開發者，也是創業者之一的24歲女性茱利亞，她透過改變客服負責人頭像和性別後，觀察使用者反應的變化。

　　一開始，客服負責人是用茱利亞本人的照片和名字，然後一天會遇到兩次攻擊性的威脅或壞話、性騷擾、對外貌的評價、性玩笑、邀約台詞或是暗示的照片或表情符號。

　　茱利亞笑笑地接受了，並在一個月後換上另一位負責人，也是共同創業者的男性艾瑞克的資訊，結果惡搞的情況一口氣減少，不愉快的評論及性方面的留言也變少了。

　　茱利亞對這急劇的變化抱持很大興趣，並進行更多測試。這次她放上很有魅力的金髮女性照片和瑞秋‧葛雷的名字，等待使用者的反應，結果才從艾瑞克換成瑞秋不到一小時，辱罵和壞話再度開始。而且用瑞秋的名字和照片進行三週的訊息對話後，跟茱利亞的時候相比多出50％下流、攻擊性、無厘頭的訊息。特別是性的要求很多，並且來自世界各地。

　　最後茱利亞將照片改放上網站LOGO的機器人「Kapwing kitten」，並改成「Team kapwing」的名字，結果惡搞和性的留言急劇減少。

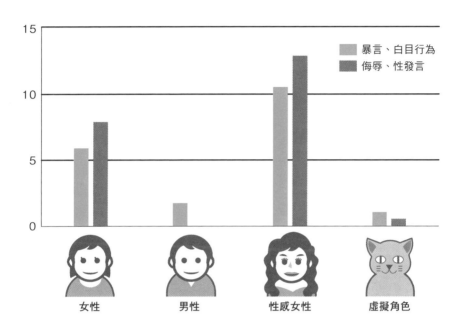

一週內傳給客服的
暴言、白目行為、侮辱、性發言的比例

圖例：
- 暴言、白目行為
- 侮辱、性發言

橫軸：女性、男性、性感女性、虛擬角色

　　茱利亞雖然說這實驗只是「不嚴謹的研究」，但可以明顯看出在網路上改變性別跟外表後會受到怎樣不同的對待。茱利亞自己也說：「只是在網路上改變性別，就會受到這麼大的不同對待，我第一次親身體驗到。」可惜的是，這就是現今網路上的現實。

⇩ 檢證結果 ⇩

漂亮女性的照片
容易受到性騷擾

參考文獻 Why I don't use my real photo when messaging with customers on my website

霸凌和歧視的 「黑羊效應」是什麼？

「黑羊效應」是指<u>為了守護團體價值，排除團體中會降低自己團體評價的異質成員</u>，是社會心理學用語之一。由來是《聖經》中「白羊中混了一匹黑羊，不被同伴認同而被排除在外」的故事。

這個效應是來自人類心理，也是學校或職場會發生霸凌的原因之一，而用實驗證明這點的是波多大學社會心理學家，荷西・馬奎斯（Jose M. Marques）的團隊。

馬奎斯在1988年以比利時大學生為對象，將「比利時學生」「北非學生」的兩個集團中以「普通學生」「討人喜歡的學生」「不討人喜歡的學生」分類，並在一共6種模式的人物中，選擇典型的一人作為形象，針對社交性、禮貌程度、冷靜等38個特性分為7階段來評價。

對比利時學生來說，「比利時學生」在自己所屬的團體，稱為「內團體」。相反地「北非學生」不在自己所屬的團體就是「外團體」。

實驗結果是內團體成員的「討人喜歡的比利時學生」評價會最高，另一方面內團體成員「不討人喜歡」的比利時人學生評價則會最低。外團體成員的北非學生無論是否喜歡都評價為中等。

也就是說，<u>對上喜歡的內團體成員，心理傾向是給予更高</u>

**對比利時學生184人提出6種模式的人物形象
並要求7階段的評價**

比利時學生

- 普通比利時學生
- 不討人喜歡的比利時學生
- 討人喜歡的比利時學生

**對比利時學生來說是
自己所屬的團體（內團體）**

北非學生

- 普通的北非學生
- 不討人喜歡的北非學生
- 討人喜歡的北非學生

**對比利時學生來說是
不屬於自己的團體（外團體）**

評價順序		
①	5.20	討人喜歡的比利時學生
②	4.56	普通的北非學生
③	4.55	討人喜歡的北非學生
④	4.26	普通比利時學生
⑤	3.91	不討人喜歡的北非學生
⑥	2.97	不討人喜歡的比利時學生

內團體中討人喜歡的成員，比起同程度喜歡的外團體成員獲得更高評價，內團體不討人喜歡的成員，比起同程度不喜歡的外團體成員評價更低。這稱為「黑羊效應」。

的正面評價。這是「內團體偏誤」或「內團體偏私」。為什麼會發生這種偏誤呢？應該是人類都希望自己屬於優秀的集團而給予這樣的評價，因此對喜歡的內團體成員會給出更高的評價，比起外團體會更想讓自己的內團體取得更好的地位。

　　相反地，不喜歡的內團體成員，因為會降低團體評價，所以作為成員不想承認他。因此會想要從集團中排除掉而產生「黑羊效應」。

⇩ **檢證結果** ⇩
排除異質存在
可以維繫集團價值

參考文獻 The "Black Sheep Effect": Extremity of judgments towards ingroup members as a function of group identification

關鍵字 **心理學、精神醫學、羅森漢恩實驗**

精神科醫師
真的能看透患者嗎？

　　精神科醫師真的能看穿精神生病的人嗎？美國心理學者大衛‧羅森漢恩（Davld L. Rosenhan）為了解決這個疑問，將假的患者送進精神病院進行實驗。

　　這個實驗後來被稱為「羅森漢恩實驗」而廣為人知，包含羅森漢恩在內的8名（男性5人、女性3人）健康的人，假裝「幻聽」而受到精神病院檢查，結果8人全都被精神科醫師判定「有精神障礙」，馬上就可以住院了。假患者入院後跟工作人員說「幻聽消失了」，但在被診斷為「感覺統合失調緩解」（症狀跟檢查異常狀態消失）並準許出院前，最短花上7天，最長花了52天，8人平均住院了19天。

　　這件事傳開後，許多精神病院都說「我們病院不可能發生這種錯誤」，所以再度進行了新的實驗。該實驗由羅森漢恩告知醫院「三個月期間裡，會派一人以上的假患者入院」，由精神科醫師或護理師等工作人員對新來的患者評估是否為假患者，並以10分滿分進行評估。

　　結果精神病院的193位新患者中，至少一名以上工作人員判定有可能是假患者的有41人。另外，23名患者由精神科醫師懷疑是假患者，19位患者同時被精神科醫師和工作人員判定是假患者，然而羅森漢恩實際上沒有送出任何一名假患者。

　　這個實驗證明精神醫學上還無法有可信賴的標準區分健

實驗① 心理學者羅森漢恩教授將8名假患者送入精神病院。

8人都被診斷有精神障礙，並且可以住院。入院後，假患者表示症狀消失，但還是平均住院了19天。

實驗② 許多醫院說不可能發生這種疏失，羅森漢恩表示在三個月內會送出一名以上的假患者。

醫院對193名患者進行判定，精神科及工作人員各一人對19名假患者保持懷疑，但羅森漢恩完全沒送任何假患者入院

結果，精神科醫師無法分辨出「正常人」和「有精神障礙的人」。

康的人和精神異常者。實驗結果的論文〈On Being Sane in Insane Places〉刊登在1973年的《Science》雜誌上，對精神醫學界造成衝擊，引發很大爭論。然後1980年美國精神醫學界製作《精神疾病診斷與統計手冊第三版》，終於整理出了診斷標準。

　　但是近年來研究發現羅森漢恩實驗存在諸多問題，如：「無法確認假患者的6人是否真實存在」「醫院名也不明」等，也就是懷疑內容的正當性。

⇩ **檢證結果** ⇩

當時醫學程度，即使是精神科醫師也很難正確診斷精神病。

参考文献 On Being Sane In Insane Places

關鍵字 認知心理學、視覺

遇上「危機的瞬間」 真的會變成慢動作嗎？

　　以前就流傳一種說法，遇到意外或生命危險時會覺得周圍速度變慢，有實驗就想驗證這個現象是否真的會發生。

　　千葉大學文學部認知心理研究室的一川誠等人，以16名大學生為對象，測試視覺上的時間精度（短時間內能處理視覺資訊的能力）。

　　首先，選出感覺危險或安全的印象的彩色圖片24張。然後讓各圖像顯示1秒，接著在10～60毫秒的範圍內把照片切換成黑白，測試發現黑白照的所需最短時間。結果看著感覺危險的圖像，和不危險的圖像相比，短時間內可以察覺到照片切換成黑白。因此陷入危險時，腦子會比平常更快處理視覺情報是有可能的。

　　接著，將同樣畫像以0.4～1.6秒的範圍顯示，測量感覺一秒長度的所需時間。結果看感覺危險的圖片時，時間感覺比實際時間還久。

　　實驗結果是人陷入危險時，看東西會有慢動作的感覺。

⇩ 檢證結果 ⇩

感覺危險時，周圍會像是慢動作。

参考文獻 Emotions Evoked by Viewing Pictures may Affect Temporal Aspects of Visual Processing

新冠肺炎疫情流行使人變大方了？

　　2019年新冠肺炎流行以來，病毒在全球肆虐，外出或和別人的接觸受到限制，針對這無可奈何的高壓生活，卻有人發表了令人意外的研究結果。

　　加州大學聖地牙哥分校的艾利爾·佛利民（Ariel Friedman）等人，蒐集慈善團體評估機構在2016年7月到2020年12月期間的美國慈善捐款數據，並加以分析。此外，還應用了美國共1003人參加的「獨裁者賽局」數據。這是讓扮演獨裁者的角色的人可以獲得10美元，亂數選出搭檔並由獨裁者決定各自分配多少錢。

　　分析兩邊的數據後，發現新冠肺炎疫情威脅下的郡，有78％在2020年3月的捐款總數比2019年3月更多。而沒有遭受新冠疫情威脅的郡，同時間的捐款總額增加量只有55％

　　該現象的背景應該是死者激增時，人想加強主體性跟自我效能，還有同情心增加，或是在龐大壓力中，人想要保持積極正面的感情等原因。

⇩ 檢證結果 ⇩
因為疫情使人們變得大方

參考文獻 Increased generosity under COVID-19 threat

第 4 章 跟人類心理有關的實驗＆研究

如果在SNS上打腫臉充胖子，會使幸福度下降？

很多人會使用Twitter或是Facebook之類的社群軟體（SNS），那麼人們到底想讓人看到怎樣的自己呢？

會有故意搞笑或是打腫臉充胖子，打造一個不同的自己的人，也有完整表現原本自己的人。

於是，好奇的研究學者便開始實驗並調查了在SNS上寫什麼東西會感覺到幸福。

哥倫比亞大學的艾莉卡·貝利（Erica Bailey）團隊，從2007年到2012年間蒐集1萬560個Facebook使用者的數據並加以分析，內容是使用Facebook的人實際的性格和Facebook上表現的性格相比，嘗試分析會有怎樣的影響。

結果是在Facebook上誠實表現自己的人，會獲得高程度的幸福感。

SNS總是讓人忍不住想要受注目並且被視為很棒的人，使人進而想要偽裝自己，結果這樣反而會降低幸福度。使用SNS不要勉強，展現出原本的自己應該會更好。

⇩ 檢證結果 ⇩
在SNS上誠實表現自己的心情會比較幸福

參考文獻 Authentic self-expression on social media is associated with greater subjective well-being

關鍵字 **認知神經科學、友情**

自己跟對方互相認同是朋友的機率是幾％？

戀愛關係中有所謂「單戀」，就是單方面喜歡某個人，但對方不這麼想的狀態。實驗結果是這種狀態在「友情」中也很常發生。

2016年發表的實驗中，以修經濟管理學課程的23～38歲受試者共84人進行實驗，各自接受問卷並對彼此從「不認識」到「好友之一」的五階段進行評分，結果選擇「認為彼此是友情」的人有94％，但實際上真的「兩情相悅」的比例只有53％。

這結果的背景是因為對「友情」的看法有所差異。有人認為「偶爾會一起吃飯」的關係就是友情，也有認為「互相能說真心話、爭論」才是友情的人。毫無疑問的是，周圍的人可能沒有你所想的那麼認為你是朋友。雖然有點寂寞，但是能認知到這件事，或許今後人際關係也可以更加圓滑也說不定。

⇩ 檢證結果 ⇩
或許你的朋友
沒有你所想的那樣把你當朋友

參考文獻 Do Your Friends Actually Like You?

關鍵字　**心理學、人類科學、集中力**

看到可愛東西後注意力會提升？

　　我們周圍有許多「可愛的東西」，像是狗、貓等寵物、還有可愛的角色商品。

　　看到或觸碰到可愛的東西之後，會覺得治癒或安心的人應該不少吧？

　　但是不僅如此，可愛的東西還能提高注意力。

　　廣島大學研究所綜合科學研究科入戶野宏等人的研究團隊，以大學生132人為對象，讓他們交替擺放小狗小貓的照片，之後再進行「需要手指靈活度的測驗」或「從數列中找到指定數字並算數的測驗」等，測驗成績會比看照片前還高。

　　看了成長後的狗或貓的照片再進行同樣實驗，但跟看之前沒有顯著變化。結果是可愛東西會讓人產生想要接近、了解更多的心情，所以會提高集中力吧。

　　無論是讀書或工作，想要集中精神的時候，看點可愛的照片來提高幹勁或許是有效方法也說不定。

⇓ **檢證結果** ⇓

可愛東西
有讓人集中精神的效果

參考文獻 The Power of Kawaii: Viewing Cute Images Promotes a Careful Behavior and Narrows Attentional Focus

關鍵字　心理學、溝通

多數對話不能在
兩者期望的時間點結束？

　　大家都能普通的對話，但能不能按自己想要的方式進行則相當困難。特別難的是結束對話的方法，明明想著「差不多該結束了吧」，但對方可能又繼續講下去，有時想著「還想再多講」，結果對方卻結束了，想必這樣的經驗大家或多或少都有一點吧。

　　像這樣的「結束話題的方法」，有個很有趣的實驗結果。

　　美國哈佛大學的亞當・馬斯楚安尼（Adam Mastroianni）團隊進行了這個實驗，首先是詢問最近有和親密的人進行對話的受試者，詢問他們那個時候抱持的感情和對話結束的時間點。

　　結果是調查對象中的98%以上都在「至少有某一方在非期望的時間點」結束對話。也就是說，這個結果不僅表示要順利的對話相當困難，另外，也表現出顧慮對方而想要繼續對話或結束對話，這種為對方考慮的心情。

⇩ 檢證結果 ⇩
在最佳時機
結束對話相當難

參考文獻 Do conversations end when people want them to?

要是説了「不可以做」，反而更想做？

大家有沒有過希望自己不要再去想某件事，結果卻適得其反，沒辦法讓這件事情從腦海中消失，結果反而一直在想的經驗呢？

這個現象被稱為「矛盾反彈理論」（Ironic process theory），並經由實驗證實了。

美國心理學者丹尼爾・韋格納（Daniel Wegner）首先給參加實驗的人看一整天北極熊的影片，接著分為三個團體，第一組跟他們說要記住北極熊。第二組則是怎樣都可以，第三組是要他們絕對不可以去想北極熊。

經過一定時間後，確認各組記住了多少的北極熊影片，結果發現被說不要想的第三組記得最詳細。

這就是愈是不要在意就愈在意的矛盾現象。

這種狀況下不要勉強自己不去想，而是做別的事集中精神會更好。

⇩ 檢證結果 ⇩
被説「不可以做」就反而想做

參考文獻 Paradoxical effects of thought suppression

為什麼天氣好的日子搭訕容易成功？

天氣好心情就好，大家都有因此心情雀躍的經驗吧。像是變得想要外出，或是想跟誰講話。

法國南布列塔尼大學注意到這種心情，並進行搭訕成功率的實驗。

方法是請協助實驗的20歲帥哥走在街頭，並對20～25歲初次見面的女性搭話、問電話號碼。實驗日的氣溫幾乎相同，差別只是在晴天或陰天進行而已。

結果，陰天問到電話號碼的比例是13.9％，而晴天上升到22.4％。

這證明了天氣好的日子，人們心情也比較和緩，跟陰天相比更容易接受請託。

順帶一提，美國餐廳曾進行過其他調查，發現比起陰天，晴天時的小費更多。

無論是求婚或告白，要拜託重要的事時，或許選在晴天更容易成功。

⇩ 檢證結果 ⇩

好天氣的日子搭訕成功率會上升

參考文獻 Feeling flirty? Wait for the sun to shine

關鍵字 人類學、不利條件原理

為什麼人會刺青呢？

在動物世界中，動物們為了活得長久會盡量減少風險，但是近年研究也有假說主張，動物會故意選擇高風險方法來表示自己很強。這就是「不利條件原理」（The Handicap Principle）。

實際上，這個理論也適用於人類，其中一個例子就是「刺青」。刺青不僅會直接傷害肌膚，也有感染等風險。但是，也有研究者認為背負這種風險也要刺青的人，身體會比不這麼做的人健康許多。

科吉爾（Slawomir Koziel）和克雷奇默（Weronika Kretschmer）的團隊調查了從刺青店出來的人，比較左右手的手指長度及手腕粗細，這是基於如果左右邊身體尺寸相同，健康程度比較優良的理論。

實驗的結果發現刺青的人比不刺青的人健康，可以說人會刺青，是因為想對其他人展示自己比一般人更健康。

⇩ 檢證結果 ⇩
刺青是想
展示自己更優秀

參考文獻 Tattoo and piercing as signals of biological quality

為什麼遠距離戀愛很難順利？

電影或小說經常以遠距離戀愛為題，相隔很遠距離的兩人互相想念對方的樣子，十分有戲劇性，但實際上，這樣的戀愛會因為遠距離所以感受到寂寞或是誤解，很多時候難以維持。

這種讓人可以感同身受的心理現象，有人特別進行了檢證。美國心理學者波沙德（James H. S. Bossard）關注交往中的男女之間的距離，並進行實驗。實驗對象是5000組已有婚約的情侶，並調查兩人各自住的地方之間的距離，結果其中有33％住在半徑五街區以內。而且距離愈遠，結婚機率就愈低。

根據實驗，可以證明「男女間的物理距離愈近，心理距離也愈近」。

如果你正在進行遠距離戀愛，那麼首先最好住得離對方近一點。然後盡可能頻繁地見面。如果實在難以執行的話，至少電話或訊息的互動要頻繁進行，不要讓心的距離拉遠。

⇩ 檢證結果 ⇩
物理距離拉開後
心理距離也會拉開

參考文獻 Residential Propinquity as a Factor in Marriage Selection

為什麼看到隊伍就想跟著排隊？

日本人常被說是喜歡排隊的人種。從好吃的拉麵店到買限定商品，感覺在都市裡經常看到排隊的人潮。

關於這種「想排隊心理」有過各種實驗，而結果是「從眾效應」（Bandwagon effect）這種心理狀態在作用。

從眾效應是指遊行時在隊伍最前面的華麗樂隊花車，只要跟著那華麗的花車走，就會覺得跟多數人採取同樣的行動而感到有價值。

這就是美國經濟學者哈維·萊本斯坦（Harvey Leibenstein）提出的主張，他認為跟從流行本身就具有效果。

和多數派採取同樣行動、跟上流行，這不是因為自己也覺得這個目的有其價值，而是「因為很多人支持」，所以交給外界狀況來判斷。

然後形成隊伍、花長時間得到的東西，即使沒有感受到那個價值，也會因為「畢竟花這麼大功夫才得到」的心理，讓人覺得這件東西很不錯。

⇩ 檢證結果 ⇩
從眾效果使人容易跟隨流行

參考文獻 Bandwagon, Snob and Veblen Effects in the Theory of Consumers' Demand

為什麼占卜師可以猜中你的事？

　　大家有因為占卜或性格診斷，覺得「為什麼可以完全猜中我的事」而驚訝的經驗嗎？實際上這利用了一種叫做「巴納姆效應」（Barnum effect）的心理效果。

　　巴納姆效應是由美國心理學家佛瑞（Bertram Forer）進行的實驗而來。

　　他對受試者學生進行關於性格的心理調查，請他們回答問卷，上面寫著「即使你被他人喜歡，還是有批判自己的傾向」「你的願望有點非現實」等，這是從星座占卜的文章摘錄的內容，大家都拿到一樣的文章，但是多數學生都認為「這是在講我」。

　　這證明了只要說出誰都適用的曖昧回答，人就會自己套用在自己的情況上，並且相信。

　　如果要利用這個效果，當想讓別人信賴自己時，說出一般而曖昧的內容，就能拉近心理距離。雖然不應該惡用這種心理，但能讓人際關係變得圓滑。

⇩ 檢證結果 ⇩
利用巴納姆效應讓人相信自己

參考文獻 The fallacy of personal validation: A classroom demonstration of gullibility

國家圖書館出版品預行編目（CIP）資料

日常小疑問大解密：生活、人體、動物與心理學的有趣研究
圖鑑／株式会社ライブ編；張資敏譯. -- 初版. -- 臺中市：
晨星出版有限公司，2024.03
　　面；　公分. --（知的！；225）

譯自：世界の研究者が調べた：すごすぎる実験の図鑑

ISBN 978-626-320-751-6（平裝）

1.CST: 科學實驗　2.CST: 通俗作品

303.4　　　　　　　　　　　　　　　　　　　112022244

知的！225	日常小疑問大解密	
	生活、人體、動物與心理學的有趣研究圖鑑	
	世界の研究者が調べた　すごすぎる実験の図鑑	歡迎掃描 QR CODE， 填線上回函。

編者	株式会社ライブ
譯者	張資敏
編輯	陳詠俞
封面設計	戴曉玲
內頁設計	黃偵瑜
創辦人	陳銘民
發行所	晨星出版有限公司
	407台中市西屯區工業區30路1號1樓
	TEL：（04）23595820　FAX：（04）23550581
	E-mail:service@morningstar.com.tw
	http://www.morningstar.com.tw
	行政院新聞局版台業字第2500號
法律顧問	陳思成律師
初版	西元2024年03月15日　初版1刷
讀者服務專線	TEL：（02）23672044 /（04）23595819#212
讀者傳真專線	FAX：（02）23635741 /（04）23595493
讀者專用信箱	service@morningstar.com.tw
網路書店	http://www.morningstar.com.tw
郵政劃撥	15060393（知己圖書股份有限公司）
印刷	上好印刷股份有限公司

定價350元

ISBN 978-626-320-751-6
SEKAI NO KENKYUSHA GA SHIRABETA SUGOSUGIRU JIKKEN
NO ZUKAN
Copyright © 2022 LIVE
All rights reserved.
Originally published in Japan by KANZEN CORP.
Traditional Chinese translation rights arranged with KANZEN CORP.
through AMANN CO., LTD.